马铃薯种薯
质量检测技术

MALINGSHU ZHONGSHU ZHILIANG JIANCE JISHU

U0341877

主　　编　白艳菊
副主编　高艳玲　王晓丹
　　　　　范国权　张　威　邱彩玲
　　　　　魏　琪　杨　帅　王绍鹏
　　　　　高云飞　张　抒　董学志
　　　　　申　宇　闵凡祥　王文重
顾　　问　李学湛

HEUP 哈尔滨工程大学出版社

内容简介

本书是介绍马铃薯种薯质量检测的专业书籍,首次系统地将成熟的种薯质检所需检测技术汇集成册,按照种薯生产全程检测的需要,详细描述了马铃薯种薯质量检测规程和相关病害的检测技术,涵盖马铃薯种苗、原原种和大田种薯的全程质量检测。检测方式覆盖田间、库房现场检测和实验室精准检测,检测对象包含检疫性病害马铃薯纺锤块茎类病毒和马铃薯环腐病,以及危害马铃薯生产的常见病毒病、晚疫病、早疫病、黑胫病、青枯病等,检测技术涉及生物学、血清学和分子生物学等,并介绍了各个检测技术的优缺点和适用范围,为执行种薯质量检测、认证工作的单位和个人提供参考。

图书在版编目(CIP)数据

马铃薯种薯质量检测技术/白艳菊主编. —哈尔滨:
哈尔滨工程大学出版社,2016.12
ISBN 978 - 7 - 5661 - 1413 - 6

Ⅰ.①马… Ⅱ.①白… Ⅲ.①马铃薯—种薯—检测
Ⅳ.①S532.03

中国版本图书馆 CIP 数据核字(2016)第 319910 号

出版发行	哈尔滨工程大学出版社
社 址	哈尔滨市南岗区东大直街 124 号
邮政编码	150001
发行电话	0451 - 82519328
传 真	0451 - 82519699
经 销	新华书店
印 刷	哈尔滨市石桥印务有限公司
开 本	787 mm × 1 092 mm 1/16
印 张	8.5
字 数	162 千字
版 次	2016 年 12 月第 1 版
印 次	2016 年 12 月第 1 次印刷
定 价	29.80 元

http://www.hrbeupress.com
E - mail:heupress@ hrbeu.edu.cn

前　言

在马铃薯生产过程中,马铃薯的各类病害始终是影响产量和质量的主要因素之一,特别是种薯生产,各国国家标准对其病害的发生率均有严格的指标限制。目前,我国针对马铃薯病害检测技术的专业书籍十分匮乏,国内外关于此类检测技术的文献虽有不少,但很多技术不能拿来直接使用,需对这些技术的再现性、稳定性和适用性进行反复筛选、验证后方能使用。这对于大多数以技术应用为目标,不从事科研工作的检测人员而言,既有难度又耗费精力。一般意义上讲,马铃薯种苗和种薯质量检测技术的选用原则,其重点并不在于技术本身是否非常前沿,而是要重点考虑该技术的实用性,应该选择那些能紧密联系生产实践,具有简便、快速、操作性强、结果准确、成本低廉等特点的技术。

本书呈现给读者的是具有种薯质量控制特色的系列技术,主要介绍马铃薯种薯质量检测领域应用广泛、适用性强的成熟检测技术。这些技术均是经过本编写团队的筛选、调整、不断验证和完善,在多个种薯企业进行过实践,并对国内各马铃薯主产区的样品进行过大量的实验验证的核心检测技术。其中有些技术已经形成了国家标准或行业标准。

撰写本书的主要目的是为了帮助我国马铃薯种薯、种苗生产单位了解影响马铃薯生产的各类病害以及各类病害的检测技术,以提高其自身种薯质量控制的自检能力和水平,从而促进企业产品质量的不断提升。同时,本书也将为我国马铃薯种薯质量第三方检验单位提供技术参考。本书介绍了对我国马铃薯生产造成危害的主要马铃薯病害的检测技术,也介绍了马铃薯种薯的全程检测程序,以及关于种苗质量控制方面的推荐性规程。本书凝聚了中国第一代马铃薯种薯质量检测人员十多年的科研成果和经验,对检测方法的原理、操作步骤、所需仪器设备、试剂和耗材、操作中的注意事项等细节方面都进行了详尽的描述,以期对这些技术的使用者有所指导和帮助。

由于时间仓促和水平等限制,书中难免有疏漏和不尽如人意的地方,恳请各位读者给予批评指正。本书只是对现阶段我国马铃薯种薯生产上适用的技术进行了

总结和提炼,随着科学技术的发展,相信未来一定会有更先进、方便、快速的检测技术应用于实际检测工作中,我们将和大家一起进行探索、学习和实践。

特别感谢高艳玲和王晓丹同志在统稿过程中付出的大量时间和精力。

编　者

2016 年 9 月

目　　录

第 1 部分　马铃薯种薯、种苗全程质量检测

第2部分　马铃薯主要病害检测方法及应用

第1部分

马铃薯种薯、种苗全程质量检测

（绘图：黄启瑞）

第1章 马铃薯种薯质量标准

马铃薯种薯在生产过程中很容易因各种原因造成产量、质量和经济损失，这些情况十分复杂，既有病害、虫害的因素，也有化肥、农药、气候的因素，不但会影响当季种薯生产，有些病害还能够随种薯繁育一代代累积、传递和蔓延，使得马铃薯发生退化、腐烂、畸形和减产等状况，不同程度地危害马铃薯生产安全。马铃薯种薯从种到收、从运输到贮藏的整个过程都存在病害风险，因此与其相伴的全程质量控制极为重要。全程质量控制在马铃薯的各个生长阶段，既能检验病害防治效果，又可评价种薯质量。那些具有侵染性且能够随种薯传播的质量性病害的发生情况，是种薯质量评价、定级的主要指标。国际上普遍采用全程质量检测的方式来评价种薯生产质量，在此基础上建立了种薯质量认证制度，要求未经检测合格的马铃薯不能作为种薯进行销售和使用。种薯质量检测成为种薯生产必不可少的一部分，并为建立规范的市场秩序发挥了重要作用。目前，中国种薯质量检测工作基于国家标准 GB 18133《马铃薯种薯》开展，但与一些发达国家相比，我国在这方面起步较晚，种薯质量认证制度仍在探索阶段。

1.1 适用范围

GB 18133《马铃薯种薯》适用于中华人民共和国境内马铃薯种薯的生产、检验、销售以及产品认证和质量监督。

1.2 术语和定义

下列术语和定义适用于 GB 18133《马铃薯种薯》。

【马铃薯种薯 seed potatoes】
符合标准规定的相应质量要求的原原种、原种、一级种和二级种。

【原原种（G1）pre-elite】
用育种家种子、脱毒组培苗或试管薯在防虫网、温室等隔离条件下生产，经质量检测后达到相关质量要求的，用于原种生产的种薯。

【原种（G2）elite】
用原原种作种薯，在良好隔离环境中生产的，经质量检测后达到相关质量要求的，用于生产一级种的种薯。

【一级种（G3）qualified I】

在相对隔离环境中，用原种作种薯生产的，经质量检测后达到相关质量要求的，用于生产二级种的种薯。

【二级种（G4）qualified II】

在相对隔离环境中，由一级种作种薯生产，经质量检测后达到相关质量要求的，用于生产商品薯的种薯。

【种薯批 seed potato lot】

来源相同、同一地块、同一品种、同一级别以及同一时期收获、质量基本一致的马铃薯植株或块茎作为一批。

1.3　有害生物

1.3.1　非检疫性限定有害生物

【病毒】

马铃薯 X 病毒（Potato virus X，PVX）。

马铃薯 Y 病毒（Potato virus Y，PVY）。

马铃薯 S 病毒（Potato virus S，PVS）。

马铃薯 M 病毒（Potato virus M，PVM）。

马铃薯卷叶病毒（Potato leafroll virus，PLRV）。

【细菌】

马铃薯青枯病菌（*Ralstonia solanacearum*）。

马铃薯黑胫病和软腐病菌（*Erwinia carotovora* subspecies *atroseptica*，*Erwinia carotovora* subspecies *carotovora*，*Erwinia chrysanthemi*）。

马铃薯普通疮痂病菌（*Streptomyces scabies*）。

【真菌】

马铃薯晚疫病菌（*Phytophthora infestans*）。

马铃薯干腐病菌（*Fusarium*）。

马铃薯湿腐病菌（*Pythium ultimum*）。

马铃薯黑痣病菌（*Rhizoctonia solani*）。

【昆虫】

马铃薯块茎蛾（*Phthorimaea operculella*）。

1.3.2　检疫性有害生物

【病毒和类病毒】

马铃薯 A 病毒（Potato virus A，PVA）。

马铃薯纺锤块茎类病毒（Potato spindle tuber viroid，PSTVd）。

【真菌】

马铃薯癌肿病菌（*Synchytrium endobioticum*）。

【细菌】

马铃薯环腐病菌（*Clavibacter michiganensis* subspecies *sepedonicus*）。

【植原体】

马铃薯丛枝植原体（Potato witches' broom phytoplasma）。

【昆虫】

马铃薯甲虫（*Leptinotarsa decemlineata*）。

1.4　质量要求

1.4.1　检疫性病虫害允许率

1.3.2 列出的检疫性有害生物在种薯生产中的允许率为"0"，一旦发现此类病虫害，应立即报给检疫部门，由检疫部门根据病虫害种类采取相应措施，同时该地块所有马铃薯不能用作种薯。

1.4.2　非检疫性有害生物和其他项目允许率

各级别种薯非检疫性限定有害生物和其他检测项目应符合最低要求（见表 1–1、表 1–2 和表 1–3）。

表 1–1　各级别种薯田间检查植株质量要求

项目		允许率[1]			
		原原种	原种	一级种	二级种
混杂		0	1.0%	5.0%	5.0%
病毒	重花叶	0	0.5%	2.0%	5.0%
	卷叶	0	0.2%	2.0%	5.0%
	总病毒病[2]	0	1.0%	5.0%	10.0%

表1-1(续)

项目	允许率[1]			
	原原种	原种	一级种	二级种
青枯病	0	0	0.5%	1.0%
黑胫病	0	0.1%	0.5%	1.0%

注:1)表示所检测项目阳性样品占检测样品总数的百分比;

2)表示所有有病毒症状的植株。

表1-2 各级别种薯收获后检测质量要求

项目	允许率			
	原原种	原种	一级种	二级种
总病毒病 (PVY 和 PLRV)	0	1.0%	5.0%	10.0%
青枯病	0	0	0.5%	1.0%

注:总病毒病指 PVY 和 PLRV,不包括其他病毒。

表1-3 各级别种薯库房检查块茎质量要求

项目	允许率/(个/100 个)	允许率/(个/50 kg)		
	原原种	原种	一级种	二级种
混杂	0	3	10	10
湿腐病	0	2	4	4
软腐病	0	1	2	2
晚疫病	0	2	3	3
干腐病	0	3	5	5
普通疮痂病[1]	2	10	20	25
黑痣病[1]	0	10	20	25
马铃薯块茎蛾	0	0	0	0
外部缺陷	1	5	10	15
冻伤	0	1	2	2
土壤和杂质[2]	0	1%	2%	2%

注:1)病斑面积不超过块茎表面积的1/5;

2)允许率按质量百分比计算。

1.5 检验方法

1.5.1 田间检查

1. 原原种生产过程检查

温室或网棚中,组培苗扦插结束或试管薯出苗后 30～40 天,同一生产环境条件下,全部植株目测检查一次,目测不能确诊的非正常植株或器官组织须马上采集样本进行实验室检验。

2. 原种、一级种和二级种田间检查

采用目测检查,种薯每批次至少随机抽检 5～10 点,每点 100 株(见表 1－4),目测不能确诊的非正常植株或器官组织须马上采集样本进行实验室检验。

表 1－4 每种薯批抽检点数

检测面积/hm²	检测点数/个	检查总数/株
≤1	5	500
>1,≤40	6～10(每增加 10 hm² 增加 1 个检测点)	600～1 000
>40	10(每增加 40 hm² 增加 2 个检测点)	>1 000

整个田间检验过程要求于 40 天内完成。第一次检查在苗期至现蕾期。第二次检查在收获前 30 天左右进行。

当第一次检查指标中任何一项超过允许率的 5 倍,则停止检查,该地块马铃薯不能作种薯销售。

第一次检查任何一项指标超过允许率在 5 倍以内,可通过种植者拔除病株和混杂株降低比率,第二次检查为最终田间检查结果。

1.5.2 块茎检验

1. 收获后检测

种薯收获和入库期,根据种薯检验面积在收获田间随机取样,或者在库房随机抽取一定数量的块茎用于实验室检测。原原种每个批次每 100 万粒检测 200 粒(每增加 100 万粒增加 40 粒,不足 100 万粒的按 100 万粒计算)。大田每批种薯根据生产面积确定检测样品数量(见表 1－5)。

块茎处理:病毒检测采用酶联免疫吸附法(Enzyme linked immunosorbent assay, ELISA)或逆转录聚合酶链式反应(RT-PCR)方法,需要块茎打破休眠栽植,苗高

15 cm左右开始检测;类病毒采用往返电泳(R-PAGE)、RT-PCR 或核酸斑点杂交
(Nucleic acid spot hybridization,NASH)方法。细菌检测采用 ELISA 或聚合酶链式
反应(Polymerase chain reaction,PCR)方法。采用实时荧光定量 PCR (Real-time
PCR)技术可直接检测休眠块茎中的病害。以上各病害检测也可以采用其他方法。

表1-5　收获后实验室检测样品数量

种薯级别	≤40 hm² 1)取样量/个
原种	200(每增加 10 ~ 40 hm² 增加 40 个茎)
一级种	100(每增加 10 ~ 40 hm² 增加 20 个茎)
二级种	100(每增加 10 ~ 40 hm² 增加 10 个茎)

注:1)为种薯面积单位(hm²)。

2.库房检查

种薯出库前应进行库房检查。

原原种根据每批次数量确定扦样点数(见表1-6),随机扦样,每点取块茎
500 粒。

大田各级种薯根据每批次总产量确定扦样点数(见表1-7),每点扦样 25 kg,
随机扦取样品应该具有代表性,样品的检验结果代表被抽检批次。同批次大田种
薯存放不同库房,按不同批次处理,并注明质量溯源的衔接。

表1-6　原原种块茎扦样量

每批次总产量/万粒	块茎取样点数/个	检验样品量/粒
≤50	5	2 500
>50,≤500	5 ~ 20(每增加 30 万粒增加 1 个检测点)	2 500 ~ 10 000
>500	20(每增加 100 万粒增加 2 个检测点)	>10 000

表1-7　大田各级种薯块茎扦样量

每批次总产量/t	块茎取样点数/个	检验样品量/kg
≤40	4	100
>40,≤1 000	5 ~ 10(每增加 200 t 增加 1 个检测点)	125 ~ 250
>1 000	10(每增加 1 000 t 增加 2 个检测点)	>250

库房检查采用目测检验,目测不能确诊的病害也可采用实验室检测技术,目测检验包括同时进行块茎表面检验和一定数量的内部症状检验。

1.6 判定规则

1.6.1 定级

种薯级别以种薯繁殖的代数,并同时满足田间检查和收获后检测达到的最低质量要求为定级标准。

1.6.2 降级

检验参数任何一项达不到拟生产级别种薯质量要求的,降到与检测结果相对应的质量指标的种薯级别,达不到最低一级别种薯质量指标的不能用作种薯。

若第二次田间检查超过最低级别种薯允许率,该地块马铃薯不能用作种薯。

1.6.3 出库标准

任何级别的种薯出库前应达到表 1-3 中对应级别的块茎质量要求,如达不到要求,须对该批次种薯重新挑选,或降到与库房检查结果相对应的质量指标的种薯级别,达不到最低一级别种薯质量指标的,应重新挑选至合格后方可发货。

1.7 标签

标签执行国家标准 GB 20464《农作物种子标签通则》的相关规定。

第2章 马铃薯种薯田间检测

　　田间检测是种薯质量检测技术体系中最重要的环节。大田种薯繁育中,田间检测根据马铃薯症状表现以目测检验为主。田间检测不仅涵盖了种薯标准中规定的品种纯度、病毒病害和细菌病害的检查,还可以对生产中发生的真菌病害进行检查。真菌病害虽然不是国家标准中规定的田间检测的质量指标,却对后期的产量和块茎质量有影响,因此需要将其列入调查项目。田间检测比收获期和库房检测面临的问题多,能够掌握种薯生产的整体情况。通过症状观察,可以及时拔除感病植株,降低田间病害基数,对质量控制作用效果显著。

　　田间检测质量评价的主要目标,是在确定种薯品种真实性和保证纯度的基础上,对影响种薯质量最重要的病毒病害和细菌病害进行检查。这些病原微生物侵染马铃薯,在植株上引发一系列症状,如果这些症状在任何条件下都基本保持一致性,它们就具有权威的诊断价值,然而遗憾的是,症状因品种抗性、种薯质量、气候和环境因素、化肥和农药使用的合理性,以及病毒和细菌自身的侵染力的差异而不同。同时,在种薯生产环境不适宜、生产档案不健全、农药化肥使用不当和气候剧烈变化等情况下,非侵染性病害症状也会严重干扰对目的病害症状的识别。因此,现阶段在中国多数种薯生产基地,应该采用目测检查与实验室检测相结合的方法,保证结果的准确性。即在目测检查过程中抽取一定数量的疑似样品,采用试纸条等快速诊断或实验室检测等方法对目测结果进行验证和补充。尤其对于抗病毒病很强的品种,必须以实验室病毒检测结果作为判定种薯质量的依据。

2.1　必备物品

　　1.计数器/计步器。

　　2.田间作业服。

　　3.喷壶和消毒液(70%乙醇)。

　　4.鞋套。

　　5.水果刀。

　　6.取样袋。

2.2 检测前信息采集

在执行田间检测前,先与地块主要负责人沟通,了解播种时间、用药种类和用药时间,填写马铃薯生产基础信息(见表 2 - 1),防止误判。

表 2 - 1 马铃薯种薯质量检测基础信息

批次	品种	面积	播种种薯		播种日期	前茬		农药使用		隔离	备注
			级别	来源		去年	前年	药名	时间		

种植者/代理人签字: 检测员签字:

2.3 检测内容

首先检测品种真实性,检测过程中对所有引起马铃薯生长异常的症状进行分析、记录,包括非侵染性病害和侵染性病害,同时检测品种纯度。

2.4 侵染性病害与非侵染性病害的区分

侵染性病害:初期在田间都呈零星分布,有些真菌病害会形成发病中心,向四周扩散,细菌病害在地势低洼和有存水现象的地块发病集中,病毒病发生则没有规律。侵染性病害防治不当会持续发展,扩散发病范围和增加发病比例。

非侵染性病害:发病症状相同,发病时间一致,并成片发生,有时会随环境改善而恢复正常状态,不具有侵染蔓延能力。

2.5 检测点数及每点取样量

原原种需要 100% 检测,大田种薯田间检测按以下方案实施:

检测面积小于等于 1 hm² 时,取 5 点进行检测,每点采样 100 株;检测面积大于 1 hm² 时,按照表 2 - 2 规定,在检测面积小于等于 1 hm² 时的检测点数的基础上增加,每点的取样数量处理不变,对照检测点数也相应增加,每点取样量不变。

表 2 - 2 检测点数和每点取样量

检测面积 hm²/批	点数
≤1	5 个

表 2 - 2(续)

检测面积 hm²/批	点数
>1, ≤ 40	每增加 10 hm² 增加 1 个检测点
>40	每增加 40 hm² 增加 2 个检测点

2.6 检测方法

2.6.1 基本原则

先整体后局部:进地前,首先看所检品种真实性和纯度,观察植株整体长势,对于有异常的区域要重点检测,然后按 GB 18133 规定(见表 2 - 2),随机设点检查。

地头和集中发病区域重点检查:地头和集中发病区域作为检测点,计入检测总量,再按照每批次检测点数随机设点补足检测量。

检测样品要有代表性:随机检查的点数和代表性要满足种薯批的生产面积和地理特点。

2.6.2 检查路线

对于面积不大或者地块形状狭长的种薯田可以采用平行检查,即检查时不串垄,从垄头一直走到垄尾,换行后,再从垄尾走到垄头,往返 1 ~ 2 次,沿途随机设点。

对于面积较大且地块长和宽相差不大的种薯田,可采用"之"字形检查,有路的可沿路就近检查,每检查一点,前行一段换行,可以根据地块性状确定间隔行数,检查下一点,深入到地中部折回,继续不断换行检查,直至回到田边;如此往返1~2次,沿途随机设点。

2.6.3 检测

确定检测点后,边走边检查,逆光检验(阴天效果更好),可以单行检测,也可以双行检测,非常熟练后可以四行一起检查,边检查边填写田间检测表(见表 2 - 3)。

检测的基本步骤:第一步,确定检测点数;第二步,品种检测,检测开始即根据马铃薯植株特征整体评价品种真实性,在检测缓慢行走过程中,观察健康植株长势是否一致,株型、叶色、花色和茂盛程度是否有差异来评价品种混杂;第三步,病害检测,检测过程中不遗漏任何一株生长异常的植株,每株检测部位依次为整体—上部—中部—下部—根部(必要时)。

每株检测内容依次为：品种—病毒—真菌—细菌—其他。检测过程中结合看、摸、闻,对于一些病害需要综合各部位症状,有时需要剖开植株或取根、块茎进行检测。植株整体症状通常表现为矮化、整株颜色变深或变浅、萎蔫、簇生、丛生等病害特征;叶片症状主要表现为感病的植株会有卷叶、花叶、腐烂、枯斑、变色等症状;根部症状表现为变色、腐烂、枯斑、机械损伤等症状,且根部异常的植株一般会伴有不同程度的地上部症状。

2.6.4 记录

填写表 2 – 3,表中列出的检测参数为常见侵染性病害,对于特殊侵染性病害和非侵染性病害计入备注。

表 2 – 3 第 次 田间检验记录

检测点	混杂	类病毒	病毒	环腐病	青枯病	黑胫病	丝核菌立枯病	晚疫病	早疫病	备注

种植者/代理人签字: 检测员签字:

2.7 实验室验证

田间病毒病感病初期,症状通常不明显,须采用实验室验证作为目测检查的重要补充,采集一定比例样品进行精确检测,快速检测技术最为适合,没有条件也可以带回实验室检测。根据品种抗性特点具体有两种操作方案。

方案一:实验室补充检测,本方案适合大多数品种,作为目测检查的补充。记录具有病害症状但特征不明显的样品,标注各类型病害发生比例,取有代表性的样品进行检测,检测结果用来补充目测检查的不确定性。做好现场样品登记,取样袋登记详细信息,拍照,然后按检测病害的要求保存好,带回实验室进行检测。

方案二:实验室病毒检测结果代替目测检查结果,本方案适合抗病毒品种。确定取样点后,按照田间目测检查的顺序和检测样品量,边目测病害症状,边逐株取样,记录检测批,带回实验室进行病毒检测,样品处理采用收获后检测的合样方法,可根据实际情况选用DAS-ELISA 法、RT-PCR 法和 Real-time PCR 法,检测技术越灵敏、合样量越大,越简便快捷,但是对设备和人员技术要求也越高。

2.8 取样袋登记信息

取样袋最好为牛皮纸袋,标注取样时间、地点、品种、级别、样品号、症状、检测

病害名称等信息。

2.9　结果判定

　　每个地块田间检查完成后,立即结合生产基础信息和实验室检测结果对目测检查结果进行修正,区分侵染性病害和非侵染性病害,排除药害、肥水、气候等影响。

　　按照 GB 18133 规定的田间检测参数和指标进行田间检测质量评价(见表 2 - 3),所有检测结果提供给种薯生产者,作为辅助生产者进行病害防控的依据,其他病害结果可作为库房检查时块茎质量检测的参考。

2.10　田间主要病害类型症状描述

　　【病毒病害】

　　病毒病害在田间发生分布无规律,无发病中心。病毒病害相对真菌病害、细菌病害病症表达缓慢,且不可逆转,病株比例不会随环境改善而降低,有花叶、褪色、变色、卷叶、皱缩、束顶、矮生、枯斑和组织坏死等症状。有些品种耐病,不表现症状,但可检测出病毒,且病毒浓度并不低。

　　【类病毒病害】

　　类病毒病害茎叶症状一般表现轻微,病株叶片与主茎间角度小,呈锐角,叶片上竖,上部叶片变小,有时植株矮化,感病块茎变长,呈纺锤形,芽眼增多,芽眉凸起,常发生龟裂畸形。

　　【细菌病害】

　　细菌病害通过感染病害的种薯传播,或来自土壤中的细菌。通常根部会有局部症状,病斑周围呈水渍状或油渍状,茎基部剖开有异味,有的能挤出菌脓。严重的地上部相应会表现出植株矮小、萎蔫或变色症状。田间或薯块上的细菌很难被全部发觉。这也是存在潜伏感染的原因。

　　【环腐病】

　　生长季节中后期,植株出现叶片和茎的萎蔫,下部叶片略卷曲,自下而上萎蔫,叶脉间褪绿黄化,但不脱落,通常萎蔫在局部茎叶出现,不一定是全株。茎基部横切,有维管束变褐,严重时可以挤出白色菌脓。

　　【青枯病】

　　青枯病可发生在马铃薯生长的任何阶段,感病品种会在植株幼嫩的部位出现绿色萎蔫和枯萎,也有时一个主茎或一个分枝萎蔫,其他茎叶生长正常,条件适宜时快速扩展至全株,所有叶片很快萎蔫,不褪色。通常早晚萎蔫可恢复,且叶缘不卷曲。后期,萎蔫的叶片可褪绿最后变成褐色。植株茎基部横剖可见维管束变褐,严重时有白色菌脓溢出。

【黑胫病】

黑胫病在马铃薯生长的各阶段都会发生,幼苗期侵染严重会导致出土前死亡,造成缺苗断苗。田间感病植株通常从腐烂的种薯向上扩展呈黑色,茎的髓部经常腐烂,维管束变色,早期侵染的叶片褪绿,小叶边缘向上卷,植株矮小。由于维管束病变,地上部生长受阻,通常感病植株呈僵硬或萎蔫,至慢慢枯萎。

【真菌病害】

真菌病害感病植株会有明显局部病斑,有规则或不规则形状,可发生在叶片、茎或花上,气候适宜会伴有霉层(丝状、粉状或颗粒状,不同病原菌霉层的颜色会有特异性),无味,有的茎剖开内部有菌丝、菌核。当根部发病,除根部表现病斑、腐烂等症状,地上部相应会表现出变色、生长异常等(如丝核菌会引起植株节间膨大)。病情受气候条件影响较大,可形成发病中心。

【生理性病害】

非侵染性外部条件刺激产生的叶形、叶色和坏死等变化,病害特征与地形、土质和气候有密切关系,发病时间基本一致,症状也比较一致,病情不会扩展,随条件改善,新生叶片自然恢复常态,其原因主要是土壤某些营养元素过多或过少、旱、涝、机械损伤、灼伤和冻害等,容易与病毒病害混淆。

【药害】

药害也是诊断时必须考虑的因素,会产生与质量病害相似的症状。杀虫、杀菌和激素类药剂会引起植株和叶片不同程度和类型的变色、褪色、花叶、皱缩,以及叶片局部坏死。随时间推移条件改善,病害症状可恢复健康。土壤中除草剂残留引起的药害则危害持久,有时出现缺苗断苗现象,植株表现出畸形、矮化、褪色等症状,对产量影响较大。

第3章　马铃薯种薯收获后(收获前)检测

由于马铃薯田间生产的复杂性,植株有时受多种病原微生物复合侵染、品种抗性、农艺措施、环境条件等因素影响并不表现出典型症状,通过田间检测来准确诊断所有病害的难度很大。此外,病毒和细菌侵染后,从潜伏感染到植株或块茎出现症状期间,浓度较低,不易通过目测发现,因此,种薯收获后对块茎进行实验室检测很实用,可以准确预测种薯下一个生长季的病害发生情况,是检测种薯质量的一个重要环节。

我国马铃薯种薯和欧美等国马铃薯种薯有很大区别,有的种薯是经历了漫长的冬季储藏后才销售,这样的销售模式与欧美国家相同,适合做收获后检测;有的种薯是在田间边收获边销售,从地头直接运输到客户所在地存放,收获后检测无法操作。为了尽可能掌握种薯质量的相对科学的数据,可以在收获前1~2周完成实验室检测,根据检测结果决定该批种薯是否可作为种薯销售,从而决定何时杀秧,我们称此次检测为收获前检测。两种检测方法各有优势,收获后检测对种薯质量评价更为准确,而收获前检测至杀秧有一段时间间隔,期间有可能病害会持续发展,收获前检测结果会比实际种薯质量略好些,但会帮助生产者更方便决策是否作为种薯处理。

3.1　取样

按照国标 GB 18133 规定方法,在种薯收获期随机取样,或从库房中随机抽取一定数量的块茎用于实验室检测。原原种每个品种每100万粒检测200粒(每增加100万粒增加40粒,不足100万粒的按照100万粒计算)。原原种、一级种、二级种根据生产面积确定检测样品数量(见表3-1)。

表3-1　种薯收获后实验室检测样品数量

级别	≤40 hm² 地块收获前取样量(单位:株/批)	≤40 hm² 地块收获后取样量(单位:个/批)
原原种	200(每增加 40hm2 增加 40 个植株)	200(每增加 40 hm² 增加 40 个块茎)
一级种	100(每增加 40hm2 增加 20 个植株)	100(每增加 40 hm² 增加 20 个块茎)
二级种	100(每增加 40hm2 增加 10 个植株)	100(每增加 40 hm² 增加 10 个块茎)

16

3.1.1　收获前田间取样

采集叶片,用于收获前检测。随机设置 10 个取样点,每点取样品总量的 1/10,在植株中上部采集,每个植株取一个叶片,连续取够一个取样点的全部样品量。

3.1.2　收获期田间取样

田间采集块茎,用于收获后检测。随机设置 10 个取样点,每点取样品量的 1/10,每个植株取一个块茎。为了避免在同一植株重复取样,可以每取一个块茎间隔 1 m 左右,连续取够一个取样点的样品量。

3.1.3　库房取样

库房中采集块茎,用于收获后检测。从入库后的种薯中随机抽取 10 个点,箱装种薯取 10 箱,袋装种薯取 10 袋,散堆直接取薯块,每点随机抽取样品量的 1/10(见表 3 - 1),可在比较方便的位置取点。

注意:随机抽取的块茎避免是烂薯和伤薯。

3.2　样品处理

3.2.1　叶片样品处理

直接将大小均等的叶片做成合样,合样数量依据采用的检测技术而定(见表 3 -2)。

表 3 - 2　收获后(收获前)病害检测的合样方法[1]

检测项目	DAS-ELISA	RT-PCR/PCR[2]	Real-time PCR
PVY	4 合 1	10 合 1	20 合 1
PLRV	4 合 1	10 合 1	20 合 1
PSTVd	—	10 合 1	20 合 1
青枯病菌	—	10 合 1	20 合 1
黑胫病菌	—	10 合 1	20 合 1
环腐病菌	—	10 合 1	20 合 1

注:1)DAS-ELISA 方法只能检测叶片样品,另两种方法既可以检测叶片也可以检测块茎,检测块茎样品时,样品合样量是表中推荐的 1/2;

2)病毒和类病毒采用 RT-PCR 方法,细菌采用 PCR 方法。

3.2.2 块茎样品处理

1. 病毒、类病毒检测

病毒、类病毒检测既可以直接取芽眼部位，采用 Real-time PCR 方法，也可以种薯催芽、播种，长出植株后取叶片进行检测，采用 DAS-ELISA 方法。RT-PCR 方法既适用于芽的检测也适用于叶片的检测。

（1）制备催芽溶液储液，将 1 mg 赤霉素晶体溶于 1 mL 无菌水中（先用微量 70% 乙醇将赤霉素溶解），配成原液，4 ℃保存。

（2）催芽，将催芽溶液储液用自来水稀释 50 倍（如：20 mL 原液加 980 mL 自来水），块茎浸泡 30 分钟后（原原种等较小的薯块可减少时间），取出晾干，室温存放，早熟品种 1 周后芽眼即萌动，晚熟品种萌动时间相对长一些。

（3）切芽，当块茎刚刚萌芽，芽短而粗，基部有根点时，就可切块种植了。用锋利的小刀将带芽眼的薯块切下，做下一个块茎前切刀要用 75% 医用酒精或 85 ℃水浴消毒。将芽块种植于秧盘中，种植用的基质需先经灭菌处理。

（4）整个种植过程需在隔离条件好的温室中进行，发芽初期水不要多，以免腐烂，但也不能太干。温室温度以白天 20 ~ 25 ℃、夜间 15 ~ 20 ℃、14 ~ 18 小时光照（早 6 点至晚 12 点）为宜。

（5）种植约 5 周后，株高约在 15 cm 以上，采样检测植株。每株中部取一个叶片，每个样品袋取 4 片叶，选择大小相似的叶片。有时存在发芽不均的问题，6 ~ 7 周后还未有大幅度增长的植株应该取整芽单独检测。

2. 细菌检测

每批样品取块茎脐部维管束部分，每个块茎所取的组织大小和位置保持基本一致。

3.3 检测

可根据种薯生产地病害发生史确定检测病害的种类，通常病毒只检测 PVY 和 PLRV，细菌检测青枯病菌和黑胫病菌，必要时还要检测类病毒和环腐病菌。采用不同的检测技术对应相应的样品合样的数量（见表 3 - 2）。

3.4 检测结果评定

不同合样量检测的阳性样本数与感病植株数百分比推算见表 3 - 3、表 3 - 4 和表 3 - 5。根据检测的阳性数量和对应的检测方法选择合适的推算表，对应查出其感病百分比。

表 3－3　阳性样本数与感病植株数百分比推算表（4 合 1，适合 DAS-ELISA 方法）

阳性样本数	感病植株数样本大小 100	感病百分比样本大小 100	感病植株数样本大小 200	感病百分比样本大小 200
1	1	1.0%	1	0.50%
2	2	2.0%	2	1.02%
3	3	3.15%	3	1.53%
4	4	4.2%	4	2.06%
5	5	5.4%	5	2.60%
6	6	6.6%	6	3.15%
7	7	7.88%	7	3.70%
8	8	9.1%	8	4.27%
9	9	10.56%	9	4.84%
10	10	11.99%	10	5.43%
11	11	13.49%	11	6.02%
12	12	15.08%	12	6.63%
13	13	16.76%	13	7.25%
14	14	18.56%	14	7.88%
15	15	20.47%	15	8.53%
16	16	22.54%	16	9.19%
17	17	24.79%	17	9.87%
18	18	27.26%	18	10.56%
19	19	30.01%	19	11.26%
20	20	33.13%	20	11.99%
21	21	36.75%	21	12.73%
22	22	41.14%	22	13.49%
23	23	46.82%	23	14.28%
24	24	55.28%	24	15.08%

表 3 –3(续)

阳性样本数	感病植株数 样本大小 100	感病百分比 样本大小 100	感病植株数 样本大小 200	感病百分比 样本大小 200
25	25	100%	25	15.91%
26			26	16.76%
27			27	17.65%
28			28	18.56%
29			29	19.50%
30			30	20.47%
31			31	21.49%
32			32	22.54%
33			33	23.64%
34			34	24.79%
35			35	25.99%
36			36	27.26%
37			37	28.59%
38			38	30.01%
39			39	31.51%
40			40	33.13%
41			41	34.86%
42			42	36.75%
43			43	38.83%
44			44	41.14%
45			45	43.77%
46			46	46.82%
47			47	50.51%
48			48	55.28%
49			49	62.39%
50			50	100%

表 3-4 阳性样本数与感病植株数百分比推算表
(10 合 1，适合 RT-PCR/PCR 和 Real-time PCR 方法)

阳性样本数	感病植株数 样本大小 100	感病百分比 样本大小 100	感病植株数 样本大小 200	感病百分比 样本大小 200
1	1	1.05%	1	0.51%
2	2	2.21%	2	1.05%
3	3	3.50%	3	1.61%
4	4	4.98%	4	2.21%
5	5	6.70%	5	2.84%
6	6	8.76%	6	3.50%
7	7	11.34%	7	4.22%
8	8	14.87%	8	4.98%
9	9	20.57%	9	5.80%
10	10	100%	10	6.70%
11			11	7.67%
12			12	8.76%
13			13	9.97%
14			14	11.34%
15			15	12.94%
16			16	14.87%
17			17	17.28%
18			18	20.57%
19			19	25.89%
20			20	100%

表3-5 阳性样本数与感病植株数百分比推算表
(25合1,适合 Real-time PCR 方法)

阳性样本数	感病植株数 样本大小100	感病百分比 样本大小100	感病植株数 样本大小200	感病百分比 样本大小200
1	1	0.89%	1	0.42%
2	2	2.02%	2	0.89%
3	3	3.60%	3	1.42%
4	4	100%	4	2.02%
5			5	2.73%
6			6	3.60%
7			7	4.70%
8			8	100%

第4章 马铃薯发货前检测

马铃薯种薯感染某些病害或受到机械损伤时都会在块茎上表现出症状,不同病害有其典型发病特征,严重的会引起块茎腐烂。机械损伤和病斑是其他病原菌入侵的通道,造成复合侵染,发生腐烂的病害通常为真菌和细菌病害。播种带病的块茎会影响出苗,也会污染土壤,因此,种薯在发货前需要检查,促进病伤薯的精挑细选,剔除病薯,减少因收获、运输等环节的粗放操作引起的机械伤,降低贮藏期病害,防止给马铃薯生产带来危害。块茎内部、外部异常症状是发货前块茎目测检验的依据,通过检验的结果可推测种薯播种后的质量趋势。

马铃薯发货前检测与收获后检测一样,需要与生产实际相结合。我国部分种薯产地的种薯销售有一部分经过库存后发货,一部分在地头收获后直接发货,为了尽可能使种薯质量做到可控,无论窖储后发货还是地头直接发货,都需要进行发货前的检测。

4.1 必备物品

1. 田间作业服。
2. 喷壶和消毒液(70%乙醇)。
3. 鞋套。
4. 水果刀。
5. 取样袋。
6. 秤(0.1~100 kg)。
7. 手套等。

4.2 检测时间

根据各地生产实际,有两种检测时间:一种是放入库房储存的种薯在第二年出库前,经过严格挑选,汰除病薯、伤薯,然后开始检测,可以边挑选,边检测,边出货;另一种是在地头销售种薯时,也需要经过挑选后,边检测,边装车。两种方法都按GB 18133中对各级别种薯库房检查块茎质量的要求进行检查。

4.3 取样要求

4.3.1 环境和器具要求

应保证取样工具和容器洁净、干燥、无异味,取样过程中不应受雨水、灰尘等环境污染。

4.3.2 了解库房基本情况

对入库种薯,需与库房主要负责人沟通,了解库房基本情况(如温度、湿度、通风等情况),收获期病害发生情况,查看田间检测记录,以及入库时间、入库前种薯挑选情况等,填写马铃薯种薯块茎存储登记(见表4-1)。

表4-1 马铃薯种薯块茎存储登记[1]

检测批号: 检测时间:

批次	库房号[2]	品种	级别	数量/t	来源(地块编号+入库时间)	库房位置	库房类型	设施[3]	备注

注:1)田间检测合格的种薯和不合格的种薯分别存放,本表只适用于田间检测合格的种薯登记,用于进行收获后检测和库房检测;

   2)种薯批号书写格式为:库房号+批次编号;

   3)填写库房内设施,如制冷机、供暖设备等。

库房管理人签字: 检测人签字:

4.3.3 随机取样

在取样之前应对被检样品进行确认。对采集的样品不论是进行现场常规鉴定还是送实验室鉴定,一般要求随机取样。在某些特殊情况下,例如为了查明混入的其他品种或任一类型的混杂,允许进行选择取样。取样之前要明确取样的目的,即弄清样品鉴定性质。采集的样品应能充分地代表该批量马铃薯种薯的全部特征。取样完成后,要立即填写取样报告。

4.4 取样方法及数量

4.4.1 取样方法

种薯未经过挑选或已经挑选结束 1 个月以上时,抽检样品要从批量样品的不同位置随机取马铃薯样品并袋装,取样位置确保种薯堆上、中、下三层均有分布,以保证取样的代表性。每袋样品倒出一半薯块作为实验室检测的代表样品。刚刚挑选完的种薯可直接随机分布取样。

4.4.2 取样数量

取样数量见表 4 - 2 和表 4 - 3。

表 4 - 2 大田各级种薯块茎扦样量

每批次总产量/t	块茎取样点数	每点检验样品量
≤40	5 个	半袋
>40, ≤1 000	6 ~ 10 个(每增加 200 t 增加 1 点)	半袋
>1 000	每 1 000 t 划为一个区	每区同上

表 4 - 3 原原种块茎扦样量

每批次总产量/万粒	块茎取样点数	每点扦样量/粒
≤50	5 个	500
>50, ≤500	每增加 30 万粒增加 1 个检测点	500
>500	每增加 100 万粒增加 2 个检测点	500

4.5 块茎目测判定方法

块茎目测检验应遵循的基本操作顺序:

首先,对样品整体进行目测,判断是否存在品种混杂;其次,将健康种薯与染病和机械损伤种薯分开,并对存在生理缺陷和畸形的种薯进行检测;然后,对侵染性病害进行检查。

观察块茎表面是否存在疮痂病、粉痂病和黑痣病等病害;对于腐烂种薯或表观有异常的种薯需要剖开块茎,结合看、摸、闻来判断造成腐烂或异常的原因;对于没有腐烂的种薯应随机取 20 个块茎并切开脐部,用以检测环腐病和青枯病。

对种薯携带的土壤和杂质进行收集和称量。

4.6　记录

执行以上操作时将发现带有病害的种薯按照种薯发货质量检测记录(见表 4 - 4)上列出的病害类别分别摆放。当全部样品均检测完毕之后,对每种病害的所有薯块进行数量的统计,填写种薯发货质量检测记录(见表 4 - 4)。

表 4 - 4　种薯发货质量检测记录

检测点	混杂	环腐病	青枯病	湿腐病	软腐病	晚疫病	干腐病	普通疮痂病	普通粉痂病	黑痣病	块茎蛾	缺陷薯	冻伤	杂质	备注

种薯批号:　　　　　　　　　　　　　　　　检测日期:

4.7　判定

每块地检测完成后,立即结合田间检测结果对块茎目测检查结果进行修正,推测田间病害和块茎病害的相关性,区分侵染性病害和非侵染性病害,提高判断的准确性。

表 4 - 4 中,参考 GB 18133 规定的库房检测参数和指标进行库房检测质量评价。质量指标达到各级别种薯最低质量要求时,方可发货。

4.8　块茎检测项目症状描述

【混杂】

如发现块茎形状、薯皮颜色和质地或薯肉颜色有差异,应考虑是否存在混杂。

【环腐病】

症状轻微时块茎末端横断面的维管束变色,呈淡黄色或褐色,继续横切,症状逐渐变轻,直至消失,甚至一些被侵染的块茎在冷藏条件下,一段时间不表现症状,可能为环腐病。症状严重时,整个块茎维管束呈浅褐或深褐色,感病块茎维管束软化,挤压时组织崩溃显颗粒状,并常有乳黄色无味菌脓溢出,有时维管束部分与薯肉分离。当第二种微生物(通常为软腐细菌)入侵会进一步引起组织瓦解,掩盖环腐症状。这种瓦解形成的压力能引起外表的肿胀,薯皮呈网纹,或是在芽眼附近呈现红褐色。

【青枯病】

感病的块茎切开后,可见维管束呈灰褐色,轻轻挤压维管束会溢出白色菌脓,严重时横切面上不需挤压就会溢出大量白色菌脓。芽眼多变成灰褐色、灰黑色,并在芽眼表面或匍匐茎连接处形成黏的溢出物。

【软腐病】

田间产生的病薯,通常只在块茎的髓部区域发生软腐。在储藏期间或田间起薯前,病原菌通过皮孔和伤口入侵,皮孔出现轻微的凹陷,呈棕褐色至褐色,周围水浸状,在干燥环境下,病斑可凹陷、变硬和变干。当侵染受到抑制,病斑变干,会形成一个坚硬、黑色的坏死组织的凹陷区。伤害引起的病斑呈不规则凹陷,通常是变暗褐色。软腐组织呈湿的、奶油至棕褐色,具有一些软的、颗粒状物。被浸湿的组织与健康组织界限明显并容易被洗去。在湿斑边缘,经常产生褐色到黑色色素。腐烂组织在腐烂早期通常无气味;但是,由于第二次生物侵入病组织,会产生一种臭气、黏液或黏稠物质。

【湿腐病】

在碰伤或皮层上的切口周围出现水浸状变色、水浸状区域,当病害发展时,块茎肿大,内部腐烂组织黑色,多水孔洞,病健组织被一个黑色分界线清晰地分开。当切面曝露在空气中时,它逐渐变成灰色、褐色,最后几乎成黑色,偶尔呈粉红色。被侵染的组织呈现受冻组织的烟灰色,几天内可全部腐烂,稍加压力即可使皮层开裂并有大量液体溢出。贮藏期被侵染块茎会变成薄皮状的薯壳。

【干腐病】

贮藏期,块茎上先形成浅褐色病斑,有时块茎末端变褐,匍匐茎着生处腐烂,维管束变褐色。块茎表面的病斑侵染扩展后,病斑处的表皮下陷、皱缩,逐渐形成较大的暗褐色凹陷同心环,病斑逐渐疏软、干缩。库房湿度大时,易被欧式杆菌侵染继发形成软腐病。携带干腐病的种薯播种后也会很容易被土壤中的欧式杆菌侵染,导致黑胫病发病率高。

【普通疮痂病】

块茎上单个病斑通常呈圆形,较小;多病斑愈合时,病斑的形状不规则,病斑较大。被病菌侵染的组织从淡棕色到褐色,病斑有表面木栓层(锈疤)组成,有的凸起,呈垫状,似疮疤;有的凹陷,能达到一定深度,凹陷的病斑为暗褐色或近黑色;有的病斑可能较浅,或开裂呈网状。

【黑痣病】

块茎表面上形成各种大小和形状不规则的土壤颗粒状块团,坚硬,病斑(菌核)呈黑色或深褐色,菌核偏平,冲洗不掉,通常菌核下面的块茎皮层未被侵染。也有人认为,黑痣病的病原菌也可以引起块茎开裂、畸形或茎末端坏死,这种情况通常会伴有表面鳞片状的变色组织。

【晚疫病】

块茎病症呈不规则、大小不定、稍凹陷、表皮褐色至浅紫色的病组织,皮下组织棕褐色腐烂,可深入扩展到内部,褐色坏死组织和健康组织之间没有明显界限。贮藏期间病部常随致病疫霉侵染而侵染,造成更为严重的块茎腐烂。

【马铃薯块茎蛾】

成虫卵多产于块茎坑洼处,如在块茎芽眼、破皮和裂缝处。卵孵化后,幼虫吐丝结网蛀入块茎内部,蛀成弯曲的隧道,可见洞口处有虫粪。严重时块茎被蛀空、表皮皱缩,或引起腐烂。

【缺陷薯】

缺陷薯指因环境、非侵染性病变等造成的畸形、次生、龟裂、虫害、冻伤、黑心和机械损伤的薯块。

【冻伤】

块茎遭受冻害时,冻害和非冻害之间的界限明显,解冻后,其组织逐渐由白色(或基本底色)变成桃红色或红色,直至变为灰色、褐色或黑色。冻伤组织迅速变软、腐烂或崩溃破裂,当水分蒸发后,留下白垩状的残渣。有时冷害会产生网状坏死,分布于整个块茎或受冻一侧,或集中在维管束部分。

【土壤和杂质】

块茎表面附着的土壤,或包装物中携带的土壤、石块、植物残枝等。

第5章 马铃薯种苗质量检测

马铃薯种苗作为马铃薯产业的最源头,其质量的微小瑕疵都会对后续的种薯和商品薯生产造成巨大的影响。通常,国内各单位在种苗质量的控制方面主要以病毒是否脱除为主,且控制的病毒种类只有常规的六种病毒(PVX、PVY、PVS、PVM、PVA 和 PLRV),但实际上影响种苗质量的因素远不止这些。种苗最核心的质量性状是具有优异的品种特性,其次是病害。脱毒的材料来自于生产田间,中国的马铃薯生产遍布全国,各地生态环境、物种资源各具特色,各地的病害背景也不尽相同,仅已经报道的马铃薯病毒和可侵染马铃薯的其他植物病毒就有十几种,因此,应综合考虑材料来源地区的病害发生史,有针对性地在六种常规病毒检测的基础上增加类病毒和其他病毒的检测。

5.1 范围

本部分推荐了马铃薯种苗的检验方法、质量指标的最低要求。

本部分适用于中华人民共和国境内马铃薯种苗的生产、检验、销售,以及产品认证和质量监督。

本部分检测参数为推荐性,根据实际情况可适当增减。

5.2 规范性引用文件

下列文件对于本部分的应用是必不可少的。凡是注日期的引用文件,仅注日期的版本适用于本部分。凡是不注日期的引用文件,其最新版本适用于本部分。

1. GB 20464—2006《农作物种子标签通则》

2. GB/T 28660—2012《马铃薯种薯真实性和纯度鉴定 SSR 分子标记》

3. NY/T 401—2000《脱毒马铃薯种薯(苗)病毒检测技术规程》

4. NY/T 1303—2007《农作物种质资源鉴定技术规程 马铃薯》

5. NY/T 1962—2010《马铃薯纺锤块茎类病毒检测》

6. NY/T 1963—2010《马铃薯品种鉴定》

7. NY/T 2678—2015《马铃薯6种病毒的检测 RT-PCR 法》

8. NY/T 2744—2015《马铃薯纺锤块茎类病毒检测 核酸斑点杂交法》

5.3 术语和定义

下列术语和定义适用于本部分。

【核心种苗 core plantlet】

通过茎尖剥离、分生组织培养,获得的马铃薯再生试管苗,每个注有唯一编号,经过检测达到 5.1 节中的要求。

【基础种苗 basic plantlet】

由核心种苗繁殖而来,在无菌环境下扩繁、培养,一部分用于提供生产上大量扩繁使用,一部分保存用于下一个生产周期使用,并按照要求保存。基础种苗每次大量生产前经过检测须达到 5.1 节中的要求。

【生产用种苗 production plantlet】

由基础种苗开始,经过多次继代扩繁获得的大量种苗,用于繁育原原种。

【马铃薯种苗 potato plantlet in vitro】

马铃薯种苗包括核心种苗、基础种苗和生产用种苗三部分,“种苗”是三者的统称。

5.4 有害生物

5.4.1 非检疫性限定有害生物

【病毒】

马铃薯 X 病毒(Potato virus X,PVX)。

马铃薯 Y 病毒(Potato virus Y,PVY)。

马铃薯 S 病毒(Potato virus S,PVS)。

马铃薯 M 病毒(Potato virus M,PVM)。

马铃薯卷叶病毒(Potato leaf roll virus,PLRV)。

马铃薯奥古巴花叶病毒(Potato aucuba mosaic virus,PAMV)。

5.4.2 检疫性有害生物

【病毒和类病毒】

马铃薯 A 病毒(Potato virus A,PVA)。

马铃薯 V 病毒(Potato virus V,PVV)。

马铃薯帚顶病毒(Potato mop-top virus,PMTV)。

番茄斑萎病毒(Tomato spotted wilt virus,TSWV)。

马铃薯纺锤块茎类病毒(Potato spindle tuber viroid,PSTVd)。

5.5 质量要求

各级马铃薯种苗的质量要求如下。

1. 马铃薯品种纯度及真实性鉴定

核心种苗需检测品种真实性,实验室结果符合率须达到100%,并符合生物学性状。

2. 病害允许率

所有5.4.2列出的检疫性有害生物一旦发现,应立即报给检疫部门,由检疫部门根据病害种类采取相应措施,各病害允许率见表5-1。

表5-1 病害质量要求

项目		允许率[1]	
		核心种苗	基础种苗
类病毒	PSTVd	0	0
病毒	PVS	0	0
	PVY	0	0
	PLRV	0	0
	PVM	0	0
	PVX	0	0
	PVA	0	0
	PAMV	0	—[2]
	PVV	0	—
	PMTV	0	—
	TSWV	0	—

注:1)表示所检测项目阳性样品占检测样品总数的百分比;

2)表示不需要检测项目。

5.6　检测

5.6.1　取样数量

1.核心种苗

保存的核心种苗100%检测。

2.基础种苗

基础种苗随机抽取20%检测(所有检测项目的最低检测量不低于10瓶(管))。

5.6.2　取样方法

1.核心种苗检测

每个批号的核心种苗每1~2年进行一次检测,从继代群体中随机抽取种苗栽植到温室或网室,用于病毒和类病毒检测,并调查整个生育期生物学性状,检测品种真实性。

2.基础种苗检测

每年大量生产扩繁前,将基础种苗从上到下按1:2切繁为两部分,上段用于扩繁生产,下段用于病毒和类病毒检测。

5.6.3　检测方法

使用已发布的国家标准和行业标准,没有标准支持的,可以参照国际标准。

1.病毒检测

采用 NY/T 401(DAS-ELISA)和(或)NY/T 2678—2015 RT-PCR 法。

2.类病毒检测

采用 NY/T 1962(RT-PCR)和(或)NY/T 2744—2015 NASH 方法。

3.品种纯度及真实性检测

采用 GB/T 28660 或 NY/T 1963 中规定的方法。

4.品种生物学鉴定

采用 NY/T 1303 中规定的方法。

5.7　检测结果的处理

5.7.1　品种纯度和真实性结果处理

1.核心种苗

品种纯度和真实性的分子生物学检测,任何一次检测结果低于100%,以及生物学检测不符合生物学性状,都需要对现有、已销售或生产中的同批号试管苗进行淘汰,重新筛选合适的材料。

2. 基础种苗

在生产过程中发现任一生物学特性,由非病害(营养、光照和温湿度)等原因表现的异常,须进行品种纯度和真实性的分子生物学检测,检测结果低于 100% 时需要更换基础种苗,并反馈给基础种苗提供单位。

5.7.2 病害结果处理

1. 核心种苗

按表 5-1 中要求检测,应首先检测类病毒,合格后检测其他项目,样品的任一病害检测结果为阳性,立即淘汰,重新筛选合适的材料。如核心种苗已经提供给生产单位,需要及时通知其更换基础种苗。

2. 基础种苗

按 5.2 节中要求检测,样品任一病害检测结果为阳性,须更换基础种苗,并将检测结果反馈给原基础种苗提供单位。

5.8 核心种苗和基础种苗保存

核心种苗和基础种苗必须分别独立于生产。保存核心种苗和基础种苗应采用环境温度、光照控制或培养基(不能加入激素)以延缓生长速度,减少继代次数。核心种苗和基础种苗至多使用 5 年,其中基础种苗使用年限须从核心种苗的生产日期开始计算。

5.9 复壮

核心种苗和基础种苗扩繁前,应提前将它们培养在合适的环境中,或更换复壮培养基,进行壮苗处理,控制试管苗株高、节间距离、茎粗和根的长势等指标,提高扩繁效率。

5.10 溯源编号

采用阿拉伯数字和英文字母相结合的方式编号,每株核心种苗有唯一编号,标注为品种编号加生产日期,在核心种苗基础上建立基础种苗和生产用种苗编号,使编号之间既有联系又能体现唯一性,通过编号建立溯源体系。

5.11 标签

马铃薯种苗须带标签销售,标签执行 GB 20464《农作物种子标签通则》的相关规定。

第2部分

马铃薯主要病害检测方法及应用

（绘图：黄启瑞）

第6章 马铃薯病害检测技术及方法

马铃薯是一种易受多种病害侵染的作物,在生长发育过程中常受病原微生物的危害,以及温度、湿度等不利环境因子的胁迫,使得植株的细胞及亚细胞结构发生变化,造成植株生长发育变缓甚至死亡。据统计,危害马铃薯的病害有几十种,常见的马铃薯病原种类主要有病毒、类病毒、细菌和真菌。马铃薯病害的传播途径和传播方式多样,种薯、土壤、接触、虫媒等都可以传播,对马铃薯的产量和质量造成严重影响。因此,马铃薯病害的准确检测和风险评估尤为重要,可为生产提供及时的信息,有利于病害早发现早防治。

马铃薯病害检测最初只是基于生物学性状根据植株的症状推测病害种类,随着科学技术的发展,形成了系统的病原菌分离培养、电子显微、血清学和分子生物学等鉴定技术。近年来,随着分子生物学的快速发展,在生命科学领域产生了许多新的研究热点和研究技术,PCR(Polymerase chain reaction,聚合酶链式反应)就是其中之一。由 PCR 又衍生出更为先进的技术,如环介导等温扩增(Loop-mediated isothermal amplification,LAMP)等基于 PCR 的 DNA 分子标记技术,以及更为便捷的实时定量荧光 PCR(Real-time PCR)和基因芯片等技术,都已应用于植物病害的病原检测和诊断中,病害检测技术的种类、准确性和灵敏度得到了大幅度的提高,这些技术也广泛应用于马铃薯病害的检测。

在病毒病检测工作中,通常大田马铃薯植株样品病毒含量高,采用血清学(DAS-ELISA)检测即可。但对于病毒含量较低的块茎部位、珍贵马铃薯资源或试管苗样品,血清学方法有灵敏度低和样品量大的局限性。DAS-ELISA 法检测出弱阳性或临界值的样品、试管苗和块茎等样品可以采用 RT-PCR 法或 Real-time PCR 法进行复测。在检测块茎时,也可以将块茎催芽,长出植株后采用 DAS-ELISA 方法检测。以上方法各有优缺点,可以互为补充。对于较重要的仲裁检测,必须采用两种以上的方法相互验证。

在真菌病害诊断方面,真菌类病害在发病初期,叶片或茎部典型症状可通过肉眼辨别,但症状不典型的叶片或其他部位的病斑则难以辨认,同时感染真菌病害的块茎样品也很难通过肉眼识别,所以有时需要将样品带回实验室进行检测。真菌病害的检测技术一般有两类:一类是常见的生物学方法,即镜检方法;另一类是PCR 快速检测方法。镜检方法通过实验室分离纯化,显微镜下观察马铃薯真菌的

L

孢子或分生孢子的颜色、形态、形状和大小等特征判断是否符合该病原菌的特征。但由于某些病原菌如茄链格孢在实验室条件下不易产孢，或者当叶片由多种真菌、细菌复合侵染时，这种生物学方法并不能准确地检测出致病菌。该方法的缺点是耗时比较长、灵敏度比较低，对潜隐性的真菌很难检测出来；优点是操作比较简单，对仪器的要求不高，对人员的技术水平要求较低，一般的基层单位都可完成。该方法在实际生产中仍在沿用，依然是一种比较实用方便的技术。在真核生物中，ITS区是核糖体DNA上的一个非编码区域，包含位于18S rDNA和5.8S rDNA之间的ITS1区，以及位于5.8S rDNA和28S rDNA之间的ITS2区。随着分子生物学技术的快速发展，这段序列既具有保守性又具有科、属、种水平上高度变异性的序列特性，PCR技术已成为在种和亚种水平上对真菌进行分类鉴定的有效手段。

传统的细菌病害检测方法包括革兰氏染色法、选择性培养基等方法，与其他生物学方法相似，优点是一般操作难度低、检测设备简便；缺点是检测灵敏度相对较低、培养周期长等。分子检测方法，如PCR等方法，技术操作难度较高，需要专业的设备，但是具备检测灵敏度较高、检测周期短等优势。在马铃薯细菌病害检测中，可根据实际情况选择合适的方法进行检测。

分子生物学技术已经广泛应用于各种病原菌的检测中，其中，聚合酶链式反应PCR（或反转录PCR，RT-PCR）技术是最基础、较简便的一种检测方法。由于针对的目标物是性状稳定、容易保存、不受表达影响的遗传物质DNA（或RNA），且对样品含量纯度要求低，探针或引物制作简易、耗费低，分子技术具有准确、灵敏、快速、低成本等优点，因此成为植物病原检测的主要发展趋势。随着分子生物学技术的发展，各种分子检测技术无疑为植物病害防控提供了一条简便快捷的途径。针对这一特点，使用分子检测进行快速诊断，能够降低生产上由于肉眼难以观察到或处于潜育期的病害所带来的潜在风险和危害。

目前，马铃薯质检方面最常用的检测技术有生物学检测法（Biology detection）、电镜检测技术（Technology of electron microscopy）、血清学方法（Serological detection assay）和PCR检测技术（Polymerase chain reaction）、核酸斑点杂交检测技术（Nucleic acid spot hybridization，NASH）和免疫荧光检测方法（Immunofluorescence，IF）。

6.1 生物学检测法

生物学检测法（Biology detection）是最直观的一种检测技术，根据植物症状作病害诊断是最便捷的检测方法，适用于所有类型的病害。

通过合适的培养基（Medium）培养病原微生物是真菌和细菌的常规检测技术，大多数真菌病害在病部产生病征，或稍加保湿培养即可产生子实体，但是，要区分这些子实体是真正病原真菌的子实体还是次生或腐生真菌的子实体,或者培养特异性较强的细菌,都需要选择合适的培养基。培养基是供微生物、植物组织和动物组织生长和维持生命的人工配制的养料,一般都含有碳水化合物、含氮物质、无机盐(包括微量元素)以及维生素和水等。不同培养基可根据实际需要添加一些自身无法合成的化合物,即生长因子,按培养基的用途分为富集培养基、选择性培养基和鉴别培养基,提高了检测的灵敏性和准确度。

革兰氏染色是细菌鉴定最重要和广泛应用的辅助手段,根据此法染色结果可将细菌分成两大类:革兰氏阳性菌和革兰氏阴性菌。革兰氏染色的原理主要是利用两类细菌的细胞壁成分和结构不同。革兰氏阴性菌的细胞壁中含有较多的类脂质,而肽聚糖的含量较少。当用乙醇或丙酮脱色时,类脂质被溶解,增加了细胞壁的通透性,使初染后的结晶紫和碘的复合物易于渗出,结果细胞被脱色,经复染后,又染上复染液的颜色;而革兰氏阳性菌细胞壁中肽聚糖的含量多且交联度大,类脂质含量少,经乙醇或丙酮洗脱后,肽聚糖层的孔径变小,通透性降低,因此,细胞仍保留初染时的颜色。

电子显微镜是20世纪最重要的发明之一,其特有的高分辨率在马铃薯病害检测、超微结构及形态观察中发挥了重要作用。目前常用的有透射电子显微镜、扫描电子显微镜、环境扫描电子显微镜、扫描隧道显微镜及原子力显微镜等新型电镜。电子显微镜可以看到病原微生物侵染植物的过程,还可以直接观察到对细胞结构和细胞器的破坏,连微小的病毒粒体都可以在高倍电子显微镜下清晰地看到。

6.2 血清学检测方法

自从20世纪30年代起,血清学(Serological detection assay)就被用于病毒的检测。1971年,瑞典学者Engvall和Perlmann以及荷兰学者Van Weeman和Schuurs分别报道了酶联免疫吸附剂测定技术(Enzyme linked immunosorbent assay, ELISA),将免疫技术发展为测定液体标本中微量物质的方法,但是最近二三十年来酶标技术和单克隆抗体的出现才使得该方法在灵敏度和专一性方面取得了重要的进步。血清学方法是病毒诊断和鉴定的基础方法,其基本原理是抗体与抗原之间的专化性结合。用于植物病毒检测的血清学方法主要包括酶联免疫吸附法、斑点免疫结合测定法、免疫扩散、免疫电泳、荧光免疫等。此外,免疫胶体金技术(Immunogold label assay)近几年来发展迅速,并且在病毒检测方面的运用越来越广。血清学检测依据病毒的外壳蛋白,广谱性强,操作简单,易学易用,在马铃薯病害检测中,最常用的是DAS-ELISA法。DAS-ELIAS检测原理示意图如图6-1所示。

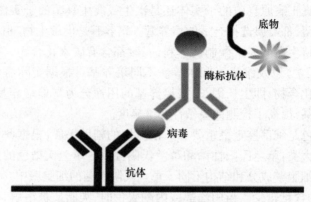

图 6 – 1　DAS-ELISA 检测原理示意图

6.3　PCR 检测方法

　　PCR 技术(Polymerase chain reaction)是 20 世纪 80 年代中期形成的一项体外迅速、大量扩增目的基因的技术,与以往的体外合成基因或建立文库筛选基因相比较,它有快速、简便、经济等特点。PCR 能够特异性扩增某一 DNA 片段,因此在病原微生物的检测上,它比传统方法有优势。PCR 检测生物体时不需要培养,具有极高的灵敏度,并且在混合培养物中不需要放射性标记,具有检测单个靶标分子的潜力。对于那些用常规方法研究较困难的植物病害,如类病毒,以及专性寄生病原菌的检测,PCR 技术的应用就更能显示出它的优越性。由 PCR 衍生出了很多检测方法,如 RT-PCR、免疫捕获 RT-PCR、巢式 PCR、多重 RT-PCR、实时荧光 PCR 等。

　　PCR 技术基本原理是利用基因体外复制,通过变性、退火、延伸等步骤,即能将待测目的基因扩增放大几百万倍,通过电泳能清晰地检测到样品中是否存在目的片段,即可以检测样品中是否存在待测病害。图 6 – 2 为 PCR 反应原理示意图。

6.4　实时荧光定量 PCR 技术

　　实时荧光定量 PCR 技术(Real-time quantitative PCR),是 1995 年美国 PE(Perkin Elmer)公司在 PCR 定性技术基础上发展起来的核酸定量技术。1996 年,Applied Biosystems(ABI)公司将该技术完善并推出使用。该技术具有特异、灵敏、准确、实时性好等特点。Real-time PCR 技术将核酸扩增与杂交、光谱分析和实时检测有机结合到一起,应用荧光信号积累实时监测 PCR 过程,根据每个样品的 CT 值与该样品中待测物质的起始拷贝数的对数存在的线性关系,建立检测体系。目前,Real-time PCR 使用的荧光化学物质主要有五种:DNA 结合染色、Taq-man 探针、分子信标、荧光标记引物、杂交探针。应用于马铃薯病害检测中的主要有 DNA 结合染色(图 6 - 3)和 Taq-man 探针(图 6 - 4)。

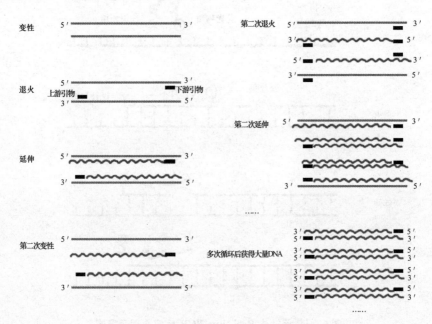

图 6 - 2　PCR 反应原理示意图

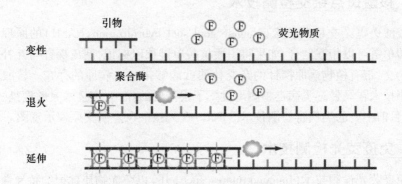

图 6 - 3　染料法 Real-time PCR 反应原理示意图

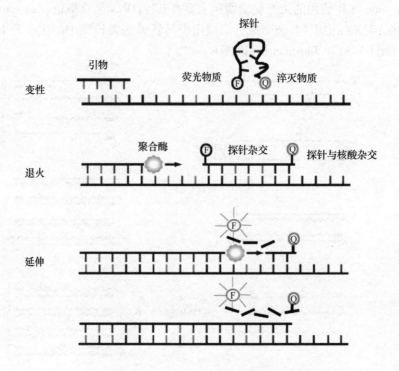

图 6-4 探针法 Real-time PCR 反应原理示意图

6.5 核酸斑点杂交检测技术

核酸斑点杂交检测技术(Nucleic acid spot hybridization,NASH)的原理是互补的核酸单链可以相互结合,如果将一段核酸单链加以标记,制成探针与互补的待测病原杂交,带有植物病原探针的杂交核酸就能够指示出病原的存在。核酸斑点杂交检测技术在马铃薯类病毒检测上发挥了很重要的作用,该技术灵敏度高、操作简便,是目前主要的类病毒检测技术。图 6-5 为核酸斑点杂交原理示意图。

6.6 免疫荧光检测技术

免疫荧光检测技术(Immuno fluorescence, IF)以荧光物质标记的特异性抗体或抗原作为标准试剂,用于相应抗原或抗体的分析鉴定和定量测定,包括荧光抗体染色技术和免疫荧光测定两大类。荧光抗体染色技术是用荧光抗体对细胞、组织切片或其他标本中的抗原或抗体进行鉴定和定位检测,可在荧光显微镜下直接观察结果,称为免疫荧光显微镜技术,或是应用流式细胞仪进行自动分析检测,称为流

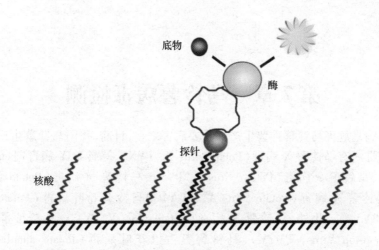

底物

酶

探针

核酸

图 6 – 5　核酸斑点杂交原理示意图

式免疫荧光技术。目前免疫荧光检测方法主要在马铃薯细菌性病害检测中广泛应用。

　　总之,随着科学技术的发展,植物病害的检测手段越来越多,检测效果也越来越快速准确,但这并不代表先前的检测手段(如生物学检测)就没有了应用的价值。我们应根据生产工作的实际条件及检测样品的特点,选择合适的检测方法。植物病害检测技术正在向着快速、高敏感性、高特异性和高通量并行性及自动化的方向发展。

6.7　革兰氏染色法

　　革兰氏染色时,碱性染料可以穿过细胞壁与细胞原生质酸性成分起作用,加碘以后形成复合体。革兰氏反应阳性的细菌,其细胞壁阻止脱色剂对复合体中染料的提取,所以不褪色,镜检呈蓝紫色;革兰氏反应阴性的细菌,由于细胞壁中含有较多类脂物,可以被脱色剂溶解,因而染料可以被提取而褪色,镜检呈粉红色。

第7章 马铃薯病毒检测

病毒病是危害马铃薯种薯生产的重要病害之一,目前,我国马铃薯生产上主要发生的病毒病有马铃薯 X 病毒(Potato virus X, PVX)、马铃薯 Y 病毒(Potato virus Y, PVY)、马铃薯 S 病毒(Potato virus S, PVS)、马铃薯 M 病毒(Potato virus M, PVM)、马铃薯 A 病毒(Potato virus A, PVA)和马铃薯卷叶病毒(Potato leafroll virus, PLRV)等。此外,马铃薯 V 病毒(Potato virus V, PVV)、马铃薯帚顶病毒(Potato mop-top Virus, PMTV)、马铃薯奥古巴花叶病毒(Potato aucuba mosaic Virus, PAMV)、烟草脆裂病毒(Tobacco rattle virus, TRV)、苜蓿花叶病毒(Alfalfa mosaic virus, AMV)、黄瓜花叶病毒(Cucumber mosaic virus, CMV)亦是危害马铃薯生产的重要病毒病,其中,PMTV 为我国进境检疫性病毒。这些病毒在世界范围内普遍发生,可通过种薯传播,严重影响马铃薯的产量及品质。国际上通用的病毒病防治方法是种植脱毒种薯并严格防控,迄今为止,尚无有效的病毒病治疗措施,因此,在马铃薯种薯、种苗生产过程中进行病毒检测非常重要。

病毒病检测方法主要有两类:一种是基于病毒蛋白质特性的方法,如 DAS-ELISA法;另一种是基于核酸特异性的方法,如 RT-PCR 和荧光定量RT-PCR法。

DAS-ELISA 法适用于 PVX, PVY, PVS, PVM, PVA, PLRV, PVV, PMTV, PAMV, TRV, AMV, CMV 等病毒检测,可用于检测马铃薯试管苗、叶片和植株等样品。本书中 RT-PCR 和荧光定量 RT-PCR(EVA-Green)法适用于 PVX, PVY, PVS, PVM, PVA 和 PLRV 的检测,不仅可用于检测马铃薯试管苗、叶片、植株和芽等样品,还可用于检测块茎样品。

7.1 马铃薯病毒检测——DAS-ELISA 法

7.1.1 材料

DAS-ELISA 检测试剂盒为商品化试剂盒。

洗液:取出 1 包 PBS(Phosphate Buffered Saline,磷酸盐缓冲液)缓冲液,溶于 1 000 mL蒸馏水中,然后加入 0.5 mL Tween20,混合均匀,即为洗液(PBST)。亦可根据说明书自行配制。

样品提取缓冲液:取出 1 包样品提取缓冲液,应用 PBST 定容至 1 000 mL,即为样品提取缓冲液。亦可根据说明书自行配制。

阳性对照:往粉末状试剂中加入 2 mL 提取缓冲液,充分溶解,分装成 105 μL 每支,–20 ℃保存。

阴性对照:往粉末状试剂中加入 2 mL 提取缓冲液,充分溶解,分装成 105 μL 每支,–20 ℃保存。

7.1.2 仪器

1. 酶标仪。

2. 台式低温高速离心机(可以控制在 4 ℃下进行离心)。

3. 恒温振荡箱(包含 37 ℃温度点)或水浴锅。

4. 冰箱(包含 4 ℃和 –20 ℃温度点)。

5. 微量移液器。

7.1.3 步骤

1. 制样

(1)将样品(0.1 ~ 0.15 g)放于样品袋中,用记号笔标记好样品编号。

(2)向样品袋中加入 1.0 ~ 1.5 mL 提取缓冲液(样品质量:样品提取缓冲液质量 = 1:10),将样品充分研磨。

(3)将样品袋中的植物汁液挤到 1.5 mL 的离心管中,于 4 ℃,4 000 r/min 离心 3 min,取上清液备用。

(4)将已经包被好的酶标板取出,用记号笔在酶标板上标记病毒名称。

(5)向每孔中加入 100 μL 样品上清液。

(6)设置阴性对照孔,加入 100 μL 阴性对照溶液。

(7)设置阳性对照孔,加入 100 μL 阳性对照溶液。

(8)加完样品后,用小塑料袋将酶标板密封好,放入 4 ℃的冰箱内过夜或 37 ℃孵育 3 h。

2. 加酶标抗体溶液

(1)准备酶标缓冲液:酶标缓冲液为 5 × 母液,临用前,用蒸馏水 5 倍稀释即可(现用现配)。

(2)向酶标缓冲液中加入酶标抗体(IgG-AP):按说明书推荐的 IgG-AP 使用浓度,将 IgG-AP 加入到酶标缓冲液中。如 IgG-AP 使用浓度为 1:2 000,将 1 μL IgG-AP 溶于 2 mL 酶标缓冲液中。轻轻地混匀,此混合液称作酶标抗体溶液。

(3)洗板:每孔加入 200 μL PBST,浸泡 1 min,倒空酶联板,立即在吸水纸上拍干残余液体。洗板 3 ~ 4 次。

(4)向每个样品孔中加入 100 μL 酶标抗体溶液。

(5)于 37 ℃下孵育 2 h 或 4 ℃过夜。

3. 加底物溶液

(1)准备底物缓冲液:底物缓冲液为 5×缓冲液,临用前用蒸馏水 5 倍稀释即可。

(2)洗板 3~4 次。

(3)底物溶液配制:每片底物重 50 mg,其中含 PNPP 5 mg。1 片底物(50 mg)溶于 5 mL 底物缓冲液中。

(4)向每个样品孔中加底物溶液 100 μL,然后将酶标板在室温(20~25 ℃)避光孵育,加入底物后 5 min 开始观察结果,当阳性对照明显显色后读数值,60 min 内结果有效。

4. 结果判读

(1)酶标仪读数:在 OD405/490 下读数,一般情况下,OD405/490≥2×阴性对照的样品判断为感染病毒。

(2)肉眼判断:根据阳性对照和阴性对照的反应来判定样品是否感染病毒。阳性对照和感病的样品表现为黄色,颜色的深浅与样品中病毒的含量成正比。2 h 后,将出现非特异性反应,因此应在此之前记录结果。

7.1.4 注意事项

(1)实验全程戴手套操作,既保护实验人员安全,又避免实验材料污染。

(2)取样时,对于试管苗样品,取中、上段试管苗,并去掉顶端 1 cm,保证每根试管苗均取到;大田样品,取中上部叶片。

(3)酶标溶液现用现配,IgG-AP 使用前离心。

(4)冰箱中取出的试剂需在冰上保持低温。

(5)底物有毒,避免接触皮肤。

(6)加底物时,用 8 道移液器较好,此步实验需要快速完成,以保证显色时间一致。

(7)出现临界值时,换另一种试剂重复试验或选择具更高灵敏度的方法进行复测。

7.2 马铃薯 6 种病毒检测——RT-PCR 法

7.2.1 材料

可选择以下试剂或选择商品化 RNA 提取试剂盒、RT-PCR 检测试剂盒。

(1)TRIzol RNA 提取试剂。

(2)三氯甲烷。

(3)异丙醇。

(4)75% 乙醇。

(5)M-MLV 反转录酶(200 U/μL)。

(6)RNA 酶抑制剂(40 U/μL)。

(7)Taq DNA 聚合酶(5 U/μL)。

(8)10×PCR buffer(Mg^{2+} free)。

(9)MgCl$_2$(25 mmol/L)。

(10)dNTP 混合物(各 2.5 mmol/L)。

(11)100 bp DNA 相对分子质量标准物。

(12)阳性对照和阴性对照。

(13)焦碳酸二乙酯(DEPC)处理水(或灭菌超纯水):在 100 mL 水中,加入焦碳酸二乙酯(DEPC)50 μL,室温过夜,121 ℃高温灭菌 20 min,分装到 1.5 mL DEPC 处理过的离心管中。

(14)10×TAE 电泳缓冲液:羟基甲基氨基甲烷(Tris)242 g,冰乙酸 57.1 mL,乙二胺四乙酸二钠·2H$_2$O 37.2 g,用氢氧化钠调 pH 值至 8.5,加水定容至 1 000 mL。

(15)1×TAE 电泳缓冲液:量取 10×TAE 电泳缓冲液 200 mL,加水定容至1 000 mL。

(16)溴化乙锭溶液(10 mg/μL):称取溴化乙锭 200 mg,加水溶解,定容至 20 mL。或者购买商品化 EB。

PVX,PVY,PVS,PVM,PVA 和 PLRV 引物序列见表 7-1,用水将引物分别配制成浓度为 100 ng/μL 的溶液。

7.2.2 引物

表 7-1 病毒引物序列

病毒名称	引物名称	引物序列(5′~3′)	PCR 扩增片段长度/bp
PVS[1]	PVS - F	GAGGCTATGCTGGAGCAGAG	729
	PVS - R	AATCTCAGCGCCAAGCATCC	
PVS[2]	PVS - F	TCTCCTTTGAGATAGGTAGG	602
	PVS - R	CAGCCTTTCATTTCTGTTAG	
PVX	PVX - F	ATGTCAGCACCAGCTAGCA	711
	PVX - R	TGGTGGTGGTAGAGTGACAA	

表 7 – 1（续）

病毒名称	引物名称	引物序列(5′~3′)	PCR 扩增片段长度/bp
PVM	PVM – F	ACATCTGAGGACATGATGCGC	520
	PVM – R	TGAGCTCGGGACCATTCATAC	
PVY	PVY – F	GGCATACGGACATAGGAGAAACT	447
	PVY – R	CTCTTTGTGTTCTCCTCTTGTGT	
PLRV	PLRV – F	CGCGCTAACAGAGTTCAGCC	336
	PLRV – R	GCAATGGGGGTCCAACTCAT	
PVA	PVA – F	GATGTCGATTTAGGTACTGCTG	273
	PVA – R	TCCATTCTCAATGCACCATAC	

注：F 代表每种病毒的上游引物。

　　R 代表每种病毒的下游引物。

　　1）PVS^O 和 PVS^A 株系；

　　2）PVS$_{BB-AND}$株系。

7.2.3　仪器

1. PCR 仪。

2. 台式低温高速离心机。

3. 电泳仪、水平电泳槽。

4. 凝胶凝胶成像仪。

5. 微量移液器(0.5 ~ 10 μL,10 ~ 100 μL,20 ~ 200 μL,100 ~ 1 000 μL)。

6. 灭菌锅等。

7.2.4　步骤

1. 取样

取马铃薯试管苗、块茎芽眼及周围组织或茎叶组织 0.05 ~ 0.1 g,分别设立阳性对照、阴性对照和空白对照(即用等体积的 DEPC 水代替模板 RNA 做空白对照),在检测过程中要同待测样品一同进行操作。

2. RNA 提取

(1) 将样品置于研钵中,加液氮研磨成粉末,转至 1.5 mL 离心管,加入 1 mL TRIzol 混匀,使其充分裂解。

(2) 于 4 ℃,14 000 g 离心 5 min。

（3）取上清,加入200 μL 三氯甲烷,振荡混匀,室温放置15 min。

（4）于4 ℃,12 000 g 离心15 min。

（5）取上层水相至新的1.5 mL 离心管中,加入0.5 mL 异丙醇,混匀,室温放置10 min。

（6）于4 ℃,12 000 g 离心10 min。

（7）弃上清,留沉淀,加入1 mL 75% 乙醇,温和振荡离心管,悬浮沉淀。

（8）于4 ℃,7 500 g 离心5 min。

（9）弃上清,将离心管倒置于滤纸上,自然干燥,加入25 ~ 100 μL DEPC 水溶解沉淀,即得到RNA。

3. 单重 RT-PCR

（1）反转录

①反转录引物:PVS（用表7 – 1 中 PVS 的第1 对引物）,PVX,PVM,PVY,PLRV 或 PVA 病毒的特异性下游引物,也可以用随机引物或oligo-dT（随机引物和oligo-dT 不适用于 PLRV,只能用于其他5 种病毒）。

②RNA 预变性:取2.5 μL RNA,65 ℃ 8 min,RNA 冰上放置2 min。

③反转录反应体系:加入0.5 μL 下游引物,反转录反应程序和反应体系中其他成分按照反转录酶说明书,混合物瞬时离心,使试剂沉降到 PCR 管底。反转录反应后取出直接进行 PCR 或置 –20℃保存。

（2）PCR 扩增

①PCR 扩增引物:上、下游引物为 PVS（用表7 – 1 中 PVS 的第1 对引物）,PVX,PVM,PVY,PLRV 或 PVA 病毒的特异性引物。

②PCR 反应体系:按表7 –2 顺序加入试剂,混匀,瞬时离心,使液体都沉降到 PCR 管底。

表7 – 2 PCR 扩增反应体系

试剂名称	用量/μL
DEPC 水	16.5
反转录产物	2.0
上游引物	0.5
下游引物	0.5
10 × PCR 缓冲液	2.5

表 7 – 2（续）

试剂名称	用量/μL
MgCl₂	2.6
dNTP	0.25
Taq 酶	0.15
总量	25

③ PCR 反应程序:92 ℃ 预变性 5 min;92 ℃ 变性 30 s,55.5 ℃ 退火 30 s, 72 ℃ 延伸 45 s,循环 30 次;72 ℃延伸 8 min。

4. 多重 RT-PCR

采用双重和三重 RT-PCR 检测 PVS,PVX,PVM,PVY,PLRV 和 PVA 病毒。应用固定的组合,双重 RT-PCR 病毒组合为 PVY + PLRV,PVM + PVS,PVX + PVA。三重 RT-PCR 病毒组合:PVY + PVS + PLRV 和 PVX + PVM + PVA。

（1）反转录:执行双重 RT-PCR 的反转录时,每种病毒下游引物加 0.5 μL, DEPC 水减少 0.5 μL;执行三重 RT-PCR 的反转录时,每种病毒下游引物加 0.5 μL,DEPC 水减少 1.0 μL,其他操作参照单重 RT-PCR 的反转录部分。

（2）PCR 扩增:执行双重 PCR 时,每种病毒上、下游引物各加 0.5 μL,DEPC 水加入 15.5 μL;执行三重 PCR 时,每种病毒上、下游引物各加 0.5 μL,DEPC 水加入 14.5 μL,其他操作参照单重 RT-PCR 的 PCR 部分。

5. PCR 产物的电泳检测

（1）1.5% 琼脂糖凝胶板制备:称取琼脂糖 1.5 g,加入 1 × TAE 电泳缓冲液定容至 100 mL,微波炉中加热至琼脂糖融化,待溶液冷却至 50 ~ 60 ℃时,加溴化乙锭溶液 5 μL,摇匀,倒入制胶板中均匀铺板,凝固后取下梳子。

（2）在电泳槽中加入 1 × TAE 电泳缓冲液,使液面刚刚超过琼脂糖凝胶板。

（3）取 5 μL PCR 产物分别和 2 μL 加样缓冲液混合后,加入到琼脂糖凝胶板的加样孔中,以 5 μL 100 bp DNA 相对分子质量标准物为参照物在恒压(120 ~ 150 V)下电泳 20 ~ 30 min。

（4）将凝胶放到凝胶成像系统上观察结果。

6. 结果判读

（1）试验成立的条件

阳性对照的扩增产物检测到预期大小的特异性条带,阴性对照和空白对照的扩增产物均没有检测到预期大小的目的条带。阴性、阳性和空白对照同时成立则表明试验有效,否则试验无效。

（2）阳性判定

待检样品如果在 729 bp、711 bp、520 bp、447 bp、336 bp 或 273 bp 对应位置出现特异性条带，则判定样品为 PVS，PVX，PVM，PVY，PLRV 或 PVA 病毒阳性；如果在 729 bp 对应位置没有出现特异性条带，再用引物 PVS-F1，PVS-R1 对样品进一步扩增，如果在 602 bp 对应位置出现特异性条带则判断样品为 PVS 病毒阳性。

（3）阴性判定

如果相应病毒电泳谱带没有扩增到预期大小的特异性条带，则判定样品为该病毒阴性。

（4）检测结果判定

①单重 RT-PCR 检测体系建立，见图 7 - 1。

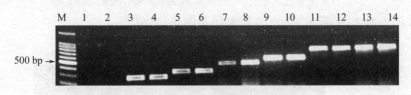

图 7 - 1　6 种病毒单重 RT-PCR 电泳图

M：100 bp Marker

泳道：1，空白对照；2，阴性对照；3、4，PVA；5、6，PLRV；7、8，PVY；

9、10，PVM；11、12，PVX；13、14，PVS

②PVY 和 PLRV 双重 RT-PCR 检测体系建立，见图 7 - 2。

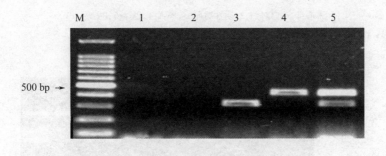

图 7 - 2　PVY 和 PLRV 双重 RT-PCR 检测体系建立

M：100 bp Marker

泳道：1，空白对照；2，阴性对照；3，PLRV；4，PVY；5，PVY + PLRV

③PVM 和 PVS 双重 RT-PCR 检测体系建立，见图 7 - 3。

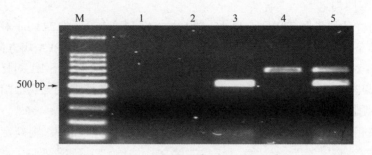

图7-3   PVM 和 PVS 双重 RT-PCR 检测体系建立

M:100 bp Marker

泳道:1,空白对照;2,阴性对照;3,PVM;4,PVS;5,PVM + PVS

④PVA 和 PVX 双重 RT-PCR 检测体系建立,见图7-4。

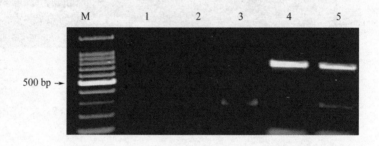

图7-4   PVA 和 PVX 双重 RT-PCR 检测体系建立

M:100 bp Marker

泳道:1,空白对照;2,阴性对照;3,PVA;4,PVX;5,PVA + PVX

⑤PVY,PLRV 和 PVS 三重 RT-PCR 检测体系建立,见图7-5。

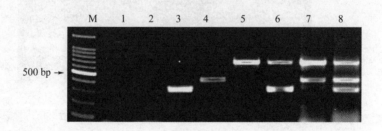

图7-5   PVY,PLRV 和 PVS 三重 RT-PCR 检测体系建立

M:100 bp Marker

泳道:1,空白对照;2,阴性对照;3,PLRV;4,PVY;5,PVS;

6,PVS + PLRV;7,PVS + PVY;8,PVS + PVY + PLRV

⑥PVX,PVM 和 PVA 三重 RT-PCR 检测体系建立,见图 7-6。

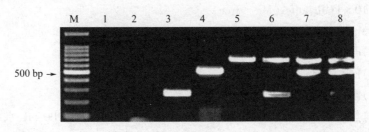

图 7-6   PVX,PVM 和 PVA 三重 RT-PCR 检测体系建立

M:100 bp Marker

泳道:1,空白对照;2,阴性对照;3,PVA;4,PVM;5,PVX;6,PVX + PVA;

7,PVX + PVM;8,PVX + PVM + PVA

7.2.5   注意事项

(1)实验全程戴手套操作,RNA 提取在通风橱中进行,既保护实验人员安全,又避免实验材料降解。

(2)取样时,对于试管苗样品,取中、上段试管苗,并去掉顶端约 1 cm,保证每根试管苗均取到;对于大田样品,取中上部叶片。

(3)样品研磨时,保障样品处于液氮环境中。

(4)实验过程中,保证 RNA 提取、反转录、PCR 等操作在冰上进行,避免降解。

(5)RNA 干燥,在洁净环境下进行,并时常检查,避免过度干燥不易溶解。

(6)反转录预混液和 PCR 预混液现用现配。

7.3   马铃薯 6 种病毒检测——Real-time RT-PCR 法(EVA-Green 法)

7.3.1   材料

可选择以下试剂,或选择商品化 RNA 提取试剂盒和 Real-time PCR 检测试剂盒。

(1)TRIzol RNA 提取试剂。

(2)三氯甲烷。

(3)异丙醇。

(4)75% 乙醇。

(5)M-MLV 反转录酶(200 U/μL)。

(6)RNA 酶抑制剂(40 U/μL)。

（7）Taq DNA 聚合酶（5 U/μL）。

（8）10 × PCR buffer（Mg^{2+} free）。

（9）$MgCl_2$（25 mmol/L）。

（10）dNTP 混合物（各 2.5 mmol/L）。

（11）Eva Green 荧光染料。

（12）阳性对照和阴性对照。

（13）焦碳酸二乙酯（DEPC）处理水（或灭菌超纯水）：在 100 mL 水中，加入焦碳酸二乙酯（DEPC）50 μL，室温过夜，121℃高温灭菌 20 min，分装到 1.5 mL DEPC 处理过的离心管中。

引物配制成浓度为 20 μmol/μL 的水溶液使用。

7.3.2　引物

病毒引物序列如表 7－3 所示。

表 7－3　病毒引物序列

病毒名称	引物名称	引物序列（5′～3′）	扩增片段 Tm 值/℃
PVX	PVX 1F	ACACAGGCCACAGGGTCAA	86.6 ±0.3
	PVX 1R	GGGATGGTGAACAGTCCTGAAG	
	PVX 2F	GGATCCACCAAATCAACTACCAC	85.0 ±0.3
	PVX 2R	GGTATGGTGAATAGCCCTGAATTG	
PVY	PVY－1 FP	CCAATCGTTGAGAATGCAAAAC	82.1 ±0.2
	PVY－1 RP	ATATACGCTTCTGCAACATCTGAGA	
PLRV	PLRV－F	GGCAATCGCCGCTCAA	88.8 ±0.3
	PLRV－R	TGTAAACACGAATGTCTCGCTTG	
PVA	PVA 102－2 FP	TGTCGATTTAGGTACTGCTGGGAC	83.2 ±0.1
	PVA 102－2 RP	TGCTTTGGTTTGTAAGATAGCAAGTG	
PVS	PVS12F	GTGTGYAGGYTGTAYGC	88.3 ±0.7
	PVS14R	ATCTCAGCRCCIAGCAT	89.9 ±0.9
PVM	PVM9F	TGCTTTGAHTACGTKGAGAA	87.0 ～90.2
	PVM8R	TGAGYTCDGGACCATTC	

7.3.3　仪器

1. 实时荧光 PCR 仪。

2. 台式低温高速离心机。

3. 微量移液器(0.5 ~ 10 μL、10 ~ 100 μL、20 ~ 200 μL、100 ~ 1 000 μL)。

4. 灭菌锅等。

7.3.4　步骤

1. 取样

取马铃薯植株、试管苗、块茎芽眼及周围组织和脐部组织 0.05 ~ 0.1 g。分别设立阳性对照、阴性对照和空白对照(即用等体积水代替模板 RNA 作空白对照),在检测过程中要与待测样品一同进行操作。

2. RNA 提取

(1)将样品置于研钵中,加液氮研磨成粉末,转至 1.5 mL 离心管,加入 1 mL TRIzol 混匀,使其充分裂解。

(2)于 4 ℃,14 000 g 离心 5 min。

(3)取上清,加入 200 μL 三氯甲烷,振荡混匀,室温放置 15 min。

(4)于 4 ℃,12 000 g 离心 15 min。

(5)取上层水相至新的 1.5 mL 离心管中,加入 0.5 mL 异丙醇,混匀,室温放置 10 min。

(6)于 4 ℃,12 000 g 离心 10 min。

(7)弃上清,留沉淀,加入 1 mL 75% 乙醇,温和振荡离心管,悬浮沉淀。

(8)于 4 ℃,7 500 g 离心 5 min。

(9)弃上清,将离心管倒置于滤纸上,自然干燥,加入 25 ~ 100 μL DEPC 水溶解沉淀,即得到 RNA。

3. 反转录

(1)应用 6 核苷酸随机引物进行反转录。

(2)RNA 预变性:取 2.5 μL RNA,65 ℃ 8 min,RNA 冰上放置 2 min。

(3)反转录反应体系:反转录反应程序和反应体系中其他成分按照反转录酶说明书,混合物瞬时离心,使试剂沉降到 PCR 管底。反转录反应后取出直接进行 PCR 或置 -20 ℃ 保存。

4. PCR 扩增

(1)PCR 扩增引物:上、下游引物为 PVX,PVY,PVS,PVM,PLRV 或 PVA 病毒的特异性引物(见表 7 - 4)。

（2）PCR 反应体系：按表 7 - 4 顺序加入试剂，混匀，瞬时离心，使液体都沉降到 PCR 管底。

表 7 - 4　PCR 扩增反应体系

试剂名称	用量/μL
DEPC 水	11.8
反转录产物	2.0
上游引物	0.4
下游引物	0.4
10 × PCR 缓冲液	2.0
$MgCl_2$	2.08
dNTP	0.2
Taq 酶	0.12
Eva Green	1.0
总量	20

（3）PCR 反应程序：95 ℃预变性 3 min；95 ℃变性 25 s，49 ~ 54 ℃（PVX，PVY，PVA 为 54 ℃，PVS，PLRV 为 53 ℃，PVM 为 49 ℃）退火 30 s，72 ℃延伸 30 s；循环 40 次，60 ~ 90 ℃测定熔解曲线。

5. 结果

（1）阳性判定

待检样品如果在 82.1 ± 0.2，87.6 ~ 90.8，83.2 ± 0.1，87.0 ~ 90.2，88.8 ± 0.3，85.0 ± 0.3 或 86.6 ± 0.3 对应位置出现特异峰，则判定样品为 PVY，PVS，PVA，PVM，PLRV 或 PVX 病毒阳性。

（2）阴性判定

如果在相应位置未出现特异峰，则判定样品为该病毒阴性。

（3）检测结果判定图

①PVY Real-time PCR 检测结果见图 7 - 7。

②PVS Real-time PCR 检测结果见图 7 - 8。

③PVM Real-time PCR 检测结果见图 7 - 9。

④PLRV Real-time PCR 检测结果见图 7 - 10。

⑤PVA Real-time PCR 检测结果见图 7 - 11。

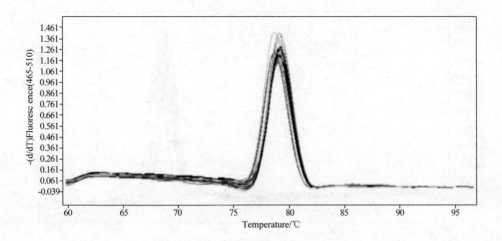

图 7 - 7　**PVY Real-time PCR 检测结果**

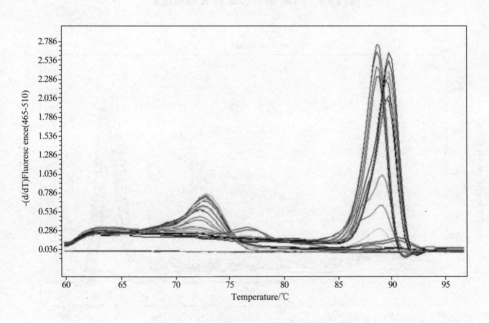

图 7 - 8　**PVS Real-time PCR 检测结果**

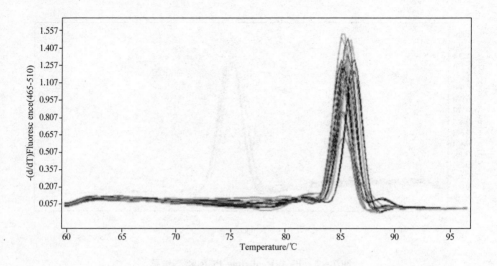

图 7 – 9   PVM Real-time PCR 检测效果

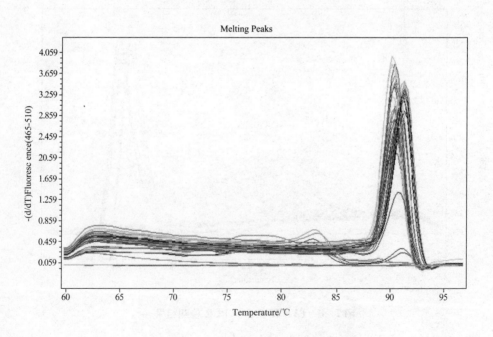

图 7 – 10   PLRV Real-time PCR 检测效果

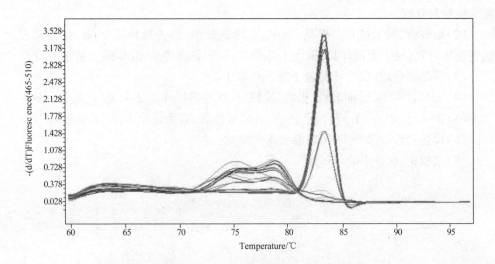

图 7 – 11　PVA Real-time PCR 检测结果

⑥PVX Real-time PCR 检测结果见图 7 – 12。

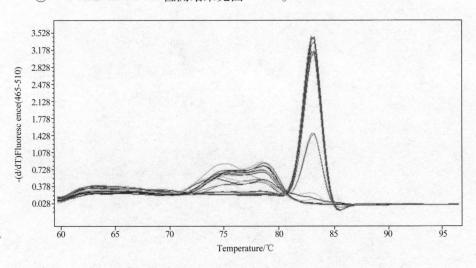

图 7 – 12　PVX Real-time PCR 的检测结果

7.3.5　注意事项

（1）实验全程戴手套操作，RNA 提取在通风橱中进行，保护实验人员安全，避免实验材料降解。

（2）取样时，对于试管苗样品，取中、上段试管苗，并去掉顶端 1 cm，保证每根试管苗均取到；对于大田样品，取中上部叶片；对于薯块样品，取芽眼和脐部。

（3）样品研磨时，保障样品处于液氮环境中。

（4）实验过程中，保证 RNA 提取、反转录、PCR 等操作在冰上进行，避免降解。

（5）RNA 干燥，在洁净环境下进行，并时常检查，避免过度干燥，不易溶解。

（6）反转录预混液和 PCR 预混液现用现配。

（7）实验中，保证 PCR 板封严。

第8章 马铃薯类病毒检测方法及应用

类病毒是迄今为止发现的最小的(239～401 nt)微生物,是单链高度结构化的、缺少蛋白质外壳的闭合环状 ssRNA 小分子。它们能在受侵染的寄主植物中进行自我复制,可以在有机体内与有机体之间传播。目前已经发现近30多种专门侵染植物的类病毒,其中能够侵染马铃薯的类病毒有马铃薯纺锤块茎类病毒(Potato spindle tuber viroid,PSTVd)、柑橘裂皮类病毒(Citrus exocortis viroid,CEVd)、金鱼花潜隐类病毒(Columnea latent viroid,CLVd)和辣椒小果类病毒(Pepper chat fruit viroid,PCFVd,暂定种)等。

马铃薯纺锤块茎类病毒(PSTVd)的序列为356～360 nt,是影响马铃薯种薯质量的重要病害之一,是我国检疫性病害。该病害可引起马铃薯株高降低,块茎畸形、变小,敏感品种减产幅度可达80%以上。PSTVd 可通过机械摩擦和无性繁殖等途径传播,也可通过种子传递给下一代。目前,该病害很难通过茎尖剥离等手段脱除,因此,防治类病毒最有效的方法是使用健康无毒的马铃薯种薯。由于 PSTVd 不编码蛋白质,因此其检测技术主要基于核酸,如往返电泳(Return-polyacrylamide gel electrophoresis, R-PAGE)、核酸斑点杂交(Nucleic acid spot hybridization, NASH)、RT-PCR 及 Real-time RT-PCR 等。其中 NASH 法灵敏度较 R-PAGE 高、低于 RT-PCR。该技术具有一次可以检测大量样品的优点,检测效率高。而 RT-PCR 则具有灵敏度较高的优点,但同时也增加了假阳性的风险。当检测结果处于临界值,不易判断检测结果时,需要不同的检测技术进行相互验证。NASH、RT-PCR 和 qRT-PCR 方法适用于检测马铃薯试管苗、叶片、植株和块茎等样品。

8.1 马铃薯纺锤类病毒检测(NASH 法)

8.1.1 材料

(1)三氯甲烷($CHCl_3$)或选择商品化 RNA 提取试剂盒。

(2)正电荷尼龙膜(Hybond-N +)。

(3)抗地高辛-AP(Anti-Digoxigenin-AP)。

(4)CDP-Star(化学发光法使用)。

（5）X 光片（化学发光法使用）。

（6）显影液、定影液（化学发光法使用）。

（7）Tween-20（$C_{58}H_{114}O_{26}$，聚氧乙烯去山梨醇单月桂酸酯）。

（8）二甲基甲酰胺（C_3H_7NO，DMF）。

（9）杂交液，市售。

（10）10×阻断液，市售。

（11）探针（参考吕典秋或其他相关文献制备）或直接购买商品化的探针。

（12）样品提取缓冲液：在 160.0 mL 蒸馏水中依次加入 NaCl 11.7 g、$MgCl_2$ 0.4 g、醋酸钠（CH_3COONa）8.21 g、无水乙醇 40.0 mL 和十二烷基磺酸钠（Sodium Dodecyl Sulfate，SDS）6.0 g，用 HCl 或 NaOH 调节 pH 至 6.0。

（13）20 倍柠檬酸缓冲液储备液（20×SSC 储备液）：在 800 mL 水中加入 NaCl 175.3 g、柠檬酸钠 88.2 g，加入数滴 10 mol/L NaOH 溶液调节 pH 至 7.0，加水定容至 1 L，分装后高压灭菌。或选择市售商品。

（14）10% SDS：在 80 mL 水中加入 SDS 10 g，溶解后定容至 100 mL。

（15）2×SSC/0.1%SDS：在 35.6 mL 蒸馏水中加入 20 倍柠檬酸缓冲液储备液 4 mL，10% SDS 400 μL，混匀。

（16）0.1×SSC/0.1%SDS：在 39.4 mL 蒸馏水中加入 20 倍柠檬酸缓冲液储备液 200 μL，10% SDS 400 μL，混匀。

（17）马来酸缓冲液：在 800 mL 水中加入马来酸（顺丁烯二酸，$C_4H_4O_4$）11.607 g，NaCl 8.77 g，用 NaOH 调 pH 至 7.5（20 ℃），定容至 1 L，5～25 ℃稳定。

（18）洗涤缓冲液：在 100 mL 马来酸缓冲液中加入 0.3 mL Tween-20，混匀，5～25 ℃稳定。

（19）5×检测缓冲液：在 80 mL 水中加入 Tris-HCl 7.88 g，NaCl 2.92 g，用 HCl 或 NaOH 调节 pH 至 9.5（20 ℃），定容至 100 mL。使用时用水稀释至 1×工作液，5～25 ℃稳定。

（20）阻断液：用马来酸缓冲液稀释 10×阻断液，制成 1×工作液。例如：2 mL 10×阻断液＋18 mL 马来酸缓冲液，现用现配。

（21）抗体液工作液：每次使用前，需要 10 000 r/min 离心抗 Dig-AP 5 min，从表面小心吸取所需的量，用阻断液按 1∶5 000 稀释抗体液。例如：2 μL 抗 Dig-AP 加 10 mL阻断液，2～8 ℃保存，12 h 稳定。

（22）硝基蓝四氮唑（C40H30N10O6·2Cl，NBT）储备液（化学显色法使用）：NBT 30 mg加 DMF 70% 1 mL，4 ℃或 −20 ℃保存备用。

（23）对甲苯胺蓝（BCIP）储备液（化学显色法使用）：BCIP 15 mg 加 DMF 100% 1 mL，4 ℃或 −20 ℃保存备用。

（24）显色液（化学显色法使用）：加 NBT 储液和 BCIP 储液各 10 μL 于 1 mL 1×检测缓冲液中，混匀，现用现配。

（25）发光底物（化学发光法使用）：10 μL CDP-STAR 加入到 1 mL 1×检测缓冲液中，混匀。

8.1.2　仪器

1. 紫外交联仪。

2. 台式低温高速离心机（≥10 000 r/min，4 ℃）。

3. 杂交箱。

4. 涡旋振荡器。

5. 水平摇床。

6. 微量移液器（0.5～10 μL，10～100 μL，20～200 μL，100～1 000 μL）。

7. 天平仪。

8. 灭菌锅。

9. 暗盒（化学发光法）等。

8.1.3　步骤

1. 取样

取马铃薯试管苗、大田植株叶片或薯块样品 0.2 g。分别设立阳性对照、阴性对照和空白对照（即用等体积水代替模板 RNA 作空白对照），在检测过程中要与待测样品一同进行操作。

2. RNA 提取

（1）将样品放于研样袋或研钵中，加入 0.3 mL 提取缓冲液，磨碎，转入 1.5 mL 离心管中。

（2）将离心管置于 37 ℃孵育 15 min。

（3）加入等体积（0.3 mL）三氯甲烷，涡旋振荡，使之彻底混匀，直至出现乳状液。

（4）于 4 ℃、10 000 r/min 离心 5 min，至溶液分离（上层水相，下层三氯甲烷）或把离心管放在 4 ℃冰箱过夜，吸出上清液，4 ℃保存，备用。

3. NASH

（1）点样及固定：用移液器吸取 2～3 μL RNA 溶液，点在提前画好方格的尼龙膜上，室温干燥后，将尼龙膜放在紫外交联仪上正反面各交联 1 min，能量为1 200 J。

(2)杂交:根据尼龙膜的大小取相应体积的杂交液(大约 4 mL 杂交液每 100 cm² 尼龙膜),加入变性过的探针(5～20 ng/mL 杂交液),混匀,将固定好的尼龙膜放入杂交管中,排除气泡,于 68 ℃、8～15 r/min,杂交过夜。

(3)洗膜:用镊子取出尼龙膜,放入装有 20 mL 2×SSC,0.1% SDS 溶液的平皿中,在室温下振荡洗涤 2 次,每次 5 min;用镊子将尼龙膜转入 0.1×SSC,0.1% SDS 溶液(先 50 ℃预热),55 ℃水浴振荡洗涤 2 次,每次 15 min(也可以在杂交管中用最大转速洗涤);将尼龙膜取出转入装有 20 mL 洗涤缓冲液的平皿中振荡洗涤 5 min。

(4)孵育:在 20～30 mL 阻断液中孵育 30 min;在 10 mL 抗体液中孵育 30 min;在 20～30 mL 洗涤缓冲液中洗涤 2 次,每次 15 min;在 15 mL 检测缓冲液中平衡 2～5 min。所有孵育过程应在 15～25 ℃下搅拌进行。

(5)信号检测:可采用下列方法之一进行信号检测。

①化学发光检测反应

将尼龙膜夹在两层保鲜膜中间,将上层保鲜膜提起,沿尼龙膜的左边加入适量新鲜配制的发光底物液,然后缓慢放下上层保鲜膜,使底物均匀地覆盖膜表面,于室温静置作用 5 min。

用镊子夹住膜的边缘轻轻提起,让多余的底物流出,并用滤纸吸干膜外的底物液,在暗室中用 X 光片压片并进行曝光、显影、定影。

②化学显色检测反应

在尼龙膜上均匀涂上 NBT/BCIP 显色液,避光存放,显色,当斑点显色达到所需的强度后,照相或复印备存。

4.结果

(1)化学发光检测反应

X 光片上对应点样位置出现斑点者为马铃薯纺锤块茎类病毒阳性样品,见图 8-1。如果检测结果的阴性样品没有特异性斑点,阳性样品有特异性斑点,则表明此次试验正确可靠;如果检测的阴性样品出现特异性斑点,或阳性样品没有特异性斑点,说明在 RNA 样品制备或杂交反应中的某个环节存在问题,需重新进行检测。

(2)化学显色检测反应

尼龙膜上对应点样位置出现蓝紫色斑点者为马铃薯纺锤块茎类病毒阳性样品,见图 8-2。如果检测结果的阴性样品没有特异性斑点,阳性样品有特异性斑点,则表明此次试验正确可靠;如果检测的阴性样品出现特异性斑点,或阳性样品没有特异性斑点,说明在 RNA 样品制备或杂交反应中的某个环节存在问题,需重新进行检测。

（3）检测结果判定参考图

①化学发光法检测结果（图8-1）

图8-1 化学发光法检测结果

注：图中出现斑点者为阳性，未出现斑点者为阴性。

②化学显色法检测结果（图8-2）

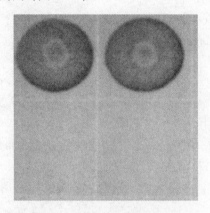

图8-2 化学显色法检测结果

注：图中出现斑点者为阳性，未出现斑点者为阴性。

8.1.4 注意事项

（1）马铃薯试管苗样品：由于PSTVd受温度和光照条件影响较大，因此待检测的试管苗生长适合环境温度为20~25℃（不低于18℃），试管苗应至少培养4~6周，茎高至少达到5 cm，16 h光周期。

（2）马铃薯块茎样品：经过低温（比如保鲜柜、库房）长期储存的马铃薯块茎样品取出后，于20~25℃（不低于18℃）光照条件下处理一段时间再进行检测，否则容易出现假阴性。

8.2 马铃薯纺锤块茎类病毒检测（RT-PCR 法）

8.2.1 材料

可选择以下试剂，也可选择商品化 RNA 提取试剂盒和 RT-PCR 检测试剂盒。

（1）三氯甲烷。

（2）水饱和酚（pH 4.0）。

（3）Taq DNA 聚合酶（5 U/μL）。

（4）10×PCR 缓冲液。

（5）10 mmol/L dNTP。

（6）M-MLV 反转录酶（200 U/μL）。

（7）5×反转录反应缓冲液。

（8）RNA 酶抑制剂（40 U/μL）。

（9）100 bp DNA Marker。

（10）加样缓冲液。

（11）焦碳酸二乙酯（DEPC）处理水（或灭菌超纯水）：在 100 mL 水中，加入焦碳酸二乙酯（DEPC）50 μL，室温过夜，121 ℃高温灭菌 20 min，分装到 1.5 mL DEPC 处理过的离心管中。

（12）溴化乙锭溶液（10 mg/μL）：称取溴化乙锭 200 mg，加水溶解，定容至 20 mL 或者购买商品化 EB 溶液。

（13）3 M 醋酸钠溶液（pH 4.0）：称取乙酸钠 24.6 g，用冰乙酸调 pH 至 4.0，加灭菌双蒸水至 100 mL。

（14）1 mol/L Tris-HCl（pH 8.0）溶液：称取 121.1 g Tris 碱溶解于 800 mL 水中，用浓盐酸调 pH 至 8.0，用水定容至 1 000 mL，121 ℃高压灭菌 20 min。

（15）样品提取缓冲液：0.1 mol/L Tris-HCl（pH 9.0），0.1 mol/L 氯化钠溶液，0.01 mol/L 乙二胺四乙酸二钠溶液，2% SDS，121 ℃高压灭菌 20 min。

（16）50×TAE 缓冲液：称取 242 g 三羟基甲基氨基甲烷（Tris）于 1 000 mL 烧杯中，加入 57.1 mL 冰乙酸，0.5 mol/L 乙二铵四乙酸二钠溶液（pH 8.0）100 mL，加灭菌双蒸水至 1 000 mL，用时用灭菌双蒸水稀释使用。

（17）0.5×TAE 电泳缓冲液：量取 10 mL 50×TAE 缓冲液，加入 990 mL 蒸馏水至 1 000 mL。

（18）引物用 TE 缓冲液（pH 8.0）分别将上述引物稀释到 10 mmol/L。

8.2.2 引物

PSTVd 引物序列如表 8 – 1 所示。

表 8 – 1 PSTVd 引物序列

引物名称	引物序列(5′~3′)	扩增片段长度/bp	参考文献
TG21	TGTGGTTCACACCTGACCTCC	258	Constable and Moran,1996
CT20	CTTCAGTTGTTTCCACCGGG		

8.2.3 仪器

1. PCR 仪。

2. 台式低温高速离心机。

3. 电泳仪、水平电泳槽。

4. 紫外凝胶成像仪。

5. 微量移液器(0.5~10 μL,10~100 μL,20~200 μL,100~1 000 μL)。

6. 灭菌锅。

7. 水浴锅等。

8.2.4 步骤

1. 取样

取马铃薯试管苗或块茎 0.5 g,分别设立阳性对照、阴性对照和空白对照(即用等体积的 DEPC 水代替模板 RNA 作空白对照),在检测过程中要同待测样品一同进行操作。

2. RNA 提取

(1)将样品置于研钵中,分别加入 1 mL 样品提取缓冲液、1 mL 水饱和酚和 1 mL 三氯甲烷,充分研磨后倒入 1.5 mL Ependorf 管中。

(2)于 4 ℃下 10 000 r/min 离心 15 min。

(3)用移液器小心将上层水相移入另一离心管中。上清液的体积 300~350 μL。

(4)加入 3 倍体积的无水冷乙醇,1/10 体积的 3 mol/L 醋酸钠溶液(pH 4.0),混匀,-20 ℃沉淀 1.5 h 以上。

(5)10 000 r/min,4 ℃离心 15 min。

(6)弃掉上清,用 1 mL 70%乙醇洗沉淀,然后离心。

(7)弃上清,将离心管倒置于滤纸上,自然干燥

(8)溶于适量 DEPC 处理的水中, - 20 ℃储存,备用,或者选择市售商品化 RNA 提取试剂盒,完成 RNA 的提取。

3.反转录

(1)将待测样品 RNA、引物溶液、dNTP 混合物、5×反转录反应缓冲液在冰上溶解。

(2)在 PCR 管中依次加入反向引物 0.6 μL,待测样品模板 RNA 1 μL,10 mmol/L dNTP 1 μL,无菌超纯水9.4 μL,轻轻混匀。

(3)将 PCR 管置于65 ℃ 5 min,冰上放置 5 min 后,4 000 r/min 离心 10 s。

(4)加入5×反转录反应缓冲液 4 μL,0.1M DTT 2 μL,RNA 酶抑制剂 1 μL (40 U/μL),轻轻混匀。

(5)42 ℃孵育 2 min,再加入 1 μL 反转录酶(200 U/μL),42 ℃孵育 50 min,然后在 70 ℃下失活 15 min。

4.PCR 扩增

(1)取灭菌的 PCR 管,依次加入 10 × PCR 缓冲液 5 μL,25 mmol/L MgCl$_2$ 3 μl,10 mmol/L dNTP 1 μL,正向引物和反向引物各 1 μL,Taq DNA 聚合酶 (2.5 U/μL)1 μL,cDNA 中第一链合成产物 2 μL,灭菌双蒸水 36 μL,轻轻混合。

(2)加入约 20 μL 石蜡油(有热量设备的 PCR 仪可以不加石蜡油)。

(3)于 4 000 r/min 离心 10 s 后,将 PCR 管置于 PCR 仪中。

(4)PCR 反应程序:94 ℃ 预变性 2 min,94 ℃ 变性 1 min,55 ℃退火 1 min,72 ℃延伸 1 min,循环 30 次,72 ℃延伸 10 min。

5.PCR 产物的电泳检测

(1)1.0 % 琼脂糖凝胶的制备:称取 1.0 g 琼脂糖,加入 0.5×TAE 电泳缓冲液至 100 mL,在微波炉中加热至琼脂融化后,待溶液冷却至50~60 ℃时,加溴化乙锭溶液 5 μL,摇匀,倒入电泳槽中,凝固后取下梳子。

(2)在电泳槽中加入 1×TAE 电泳缓冲液,使液面刚刚超过琼脂糖凝胶板。

(3)将 20 μL PCR 产物与 20 μL 加样缓冲液混合,加入到琼脂糖凝胶板的加样孔中,加入 5 μL 100 bp DNA 相对分子质量标准物为参照物,在恒压(120~150 V)下电泳30~40 min。

(4)将凝胶放到凝胶成像系统上观察结果,图片存档或打印。用 100 bp DNA 相对分子质量标记比较判断 PCR 片段大小。

6.结果判定

（1）检测结果可靠性的判断

RT-PCR 扩增产物为 258 bp 左右。如果检测结果的阴性样品和空白样品没有特异性条带，同时阳性样品有特异性条带，则表明 RT-PCR 反应正确可靠；如果检测的阴性样品或空白样品出现特异性条带，或阳性样品没有特异性条带，说明在 RNA 样品制备或 RT-PCR 反应中的某个环节存在问题，需重新进行检测。

（2）马铃薯纺锤块茎类病毒（PSTVd）的鉴定

待测样品在预期产物大小处有特异性条带，表明样品为阳性样品，含有马铃薯纺锤块茎类病毒；若待测样品没有该特异性条带，表明该样品为阴性样品，不含有马铃薯纺锤块茎类病毒。

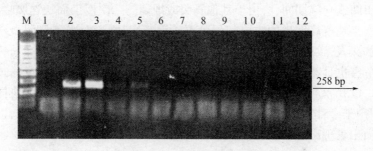

图 8-3　RT-PCR 扩增结果

M:100 bp Marker

泳道:1,阴性对照;2,PSTVd 阳性 RNA 提取原液,浓度为 500 ng/μL;

3,原液稀释 10 倍的溶液,以此类推,11 为原液浓度的 10-8;12,水对照

8.2.5　注意事项

（1）马铃薯试管苗:由于 PSTVd 受温度和光照条件影响,因此待检测的试管苗生长环境温度 20～25 ℃(不低于 18 ℃),试管苗应至少培养 4～6 周,茎高至少达到 5 cm,16 h 光周期。

（2）马铃薯块茎:经过低温(比如保鲜柜、库房)长期储存的马铃薯块茎样品取出后于 20～25 ℃(不低于 18 ℃),光照条件下处理一段时间再进行检测,否则容易出现假阴性。

第9章　马铃薯晚疫病检测

马铃薯晚疫病由致病疫霉(*Phytophthora infestans*,属卵菌病害)引起,是马铃薯生产上具有毁灭性危害的一种世界性病害,每年给全球的马铃薯生产造成巨大经济损失。在田间持续气温低、潮湿的条件下,病害传播速度非常快,病原了孢子可以侵染植株的任何部位,土壤覆盖不好时,也侵染曝露的块茎,引起块茎腐烂。感病块茎在田间或仓储期间,会由于其他真菌或细菌的二次侵染而快速腐烂,带病种薯可成为次年晚疫病发生的主要初侵染源。近年来,随着对晚疫病菌表现型和基因型研究的深入,致病疫霉菌的群体结构复杂变化,防治难度较大,在马铃薯生产上造成的危害也日益严重。生物学鉴定技术可直接检测感病部位,或通过分离培养后检测。PCR检测方法可实现对马铃薯试管苗、植株、叶片以及薯块样品的检测,还可应用于多种病害混合侵染、难以根据典型症状进行判断的情况,以及病害侵染初期尚未表现出症状的时候。

9.1　马铃薯晚疫病生物学鉴定

9.1.1　试剂与材料

样品的取样方法按照国家标准GB/T 8855—2008《新鲜水果和蔬菜取样方法》中规定的取样一般要求执行,室内检测所用的水按照国家标准GB/T 6682—2008《分析实验室用水规格和试验方法》中规定的三级水要求执行。

用品为NaClO、盐酸、75%乙醇、蒸馏水、盖玻片、载玻片、培养皿、量筒、锥形瓶等。

9.1.2　仪器

1. 生化培养箱(温度范围0~50 ℃)。
2. 生物显微镜。
3. 无菌操作台。

9.1.3　操作步骤

若样品发病部位已有霉层存在,可挑取其霉层直接镜检;若无霉层,则按以下步骤进行。

1. 叶片

将叶片用蒸馏水清洗晾干后,放入 18 ℃培养箱内保湿培养 2~4 天后,挑取菌丝体直接镜检。

2. 薯块

块茎用自来水清洗,用 1% NaClO 溶液对块茎表面消毒 3~5 min,用无菌水清洗 3 次,晾干。块茎经切片处理后,放入 18 ℃生化培养箱中保湿培养 3~5 天。挑取菌丝体直接镜检。

9.1.4 结果判定

将压好的玻片放在生物显微镜下观察,并记录病原菌形态特征。如果镜下的菌丝、孢子囊及孢子形态符合致病疫霉菌的形态特征,则该病害判定为马铃薯晚疫病菌,否则不是马铃薯晚疫病,如图 9-1 所示。

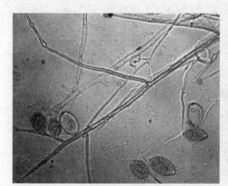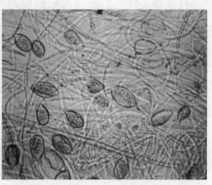

图 9-1 致病疫霉菌(Phytophthora infestans)显微镜下形态

9.2 马铃薯晚疫病菌检测(PCR 法)

9.2.1 试剂与材料

(1)1.0% 琼脂糖凝胶:称取 1.0 g 琼脂糖,加入 100 mL 的 1×TAE 电泳缓冲液,微波炉中加热至琼脂糖融化,温度降至 50~60 ℃时,加溴化乙锭溶液(EB)5 μL,摇匀,倒入电泳槽中均匀铺板,凝固后取下梳子,备用。

(2)50×TAE 缓冲液:称取 242 g 三羟基甲基氨基甲烷(Tris)于 1 000 mL 烧杯中,加入 57.1 mL 冰乙酸,0.5 mol/L 乙二铵四乙酸二钠溶液(pH 8.0)100 mL,加灭菌双蒸水至 1 000 mL,用时用灭菌双蒸水稀释使用。

(3)1×TAE 电泳缓冲液:量取 20 mL 50×TAE 缓冲液,加入 980 mL 蒸馏水至1 000 mL。

(4)10×PCR 缓冲液:10×PCR Buffer:1 mol/L Tris-HCl(pH 8.8)10 mL,1 mol/L氯化钾溶液 50 mL,Nonidet P40 0.8 mL,1.5 mol/L 氯化镁溶液 1 mL,灭菌双蒸水加至 100 mL。

(5)溴化乙锭(10 μg/μL):称取溴化乙锭 20 mg,灭菌双蒸水加至 20 mL。

(6)样品提取缓冲液:1 mL β-巯基乙醇,30 mL 10% SDS,10 mL 0.5 M EDTA(pH 8.0),5 mL 1 M Tris-HCl(pH 8.0),54 mL ddH$_2$O,4 ℃保存。

(7)Tris-HCl 样品缓冲液(0.05 M pH 8.0):称取 0.3 g Tris bases 置于100 mL烧杯中,加入约 40 mL ddH$_2$O,调 pH 到8.0,定容至 50 mL,4 ℃保存。

(8)10% SDS(100 mL):10 g SDS,100 mL 无菌 ddH$_2$O。

(9)引物溶液:用 TE 缓冲液(pH 8.0)分别将上述引物稀释到 10 mmol/L。

(10)其他:无水乙醇、DNA 相对分子质量标准(2 000 bp)、Taq DNA 聚合酶(5 U/μL)、dNTP(各2.5 mmol/L)

9.2.2 引物

WY4(F,正向引物):GCGTTGGGACTCCGGTCTGAGC。

WY4(R,反向引物):CGCCACAGGAGGAAAATCAC。

预期扩增片段为 550 bp。

9.2.3 仪器

1.PCR 仪。

2.台式低温高速离心机(可以控制在 4 ℃下进行离心)。

3.电泳仪、电泳槽。

4.紫外凝胶成像仪。

5.微量提取移液器。

6.水浴锅等。

9.2.4 步骤

PCR 检测中以已知晚疫病菌株为阳性对照,以健康马铃薯脱毒试管苗作为阴性对照,以 PCR 反应中的水作为空白对照。

1.样品 DNA 提取

(1)DNA 抽提:称取 0.1 g 样品,放于灭菌冷冻的小研钵中,加入液氮,将材料迅速破碎后,将粉末放在 1.5 mL 离心管中,加入 1 mL 提取缓冲液,加入 20 μL βL 巯基乙醇,在 65 ℃水浴中 1 h;将离心管从水浴锅中取出后,加入等体积饱和酚,盖紧离心管。缓慢来回颠倒离心管至少 20 min 以混匀。不要过于剧烈,以防将 DNA 打断,室温,10 000 r/min 离心 10 min。

(2)DNA 沉淀:取上清加等体积饱和酚/氯仿/异戊醇缓慢来回颠倒离心管,混合 10 min 后 10 000 r/min 离心 10 min。重复此步骤 1~2 次,直至取出水相加入有机溶剂时看不到白色云雾状物,取上清,加入等体积的氯仿/异戊醇,混合 10 min,10 000 r/min 离心 10 min,取上清,加 2 倍体积乙醇,旋转 50~100 转后放在 -20 ℃ 冰箱 30 min,沉淀 DNA;将离心管取出,10 000 r/min 离心 10 min 后,可见管的下方有沉淀,即 DNA。

(3)DNA 溶解:倒掉液体,加入 1 mL 75%乙醇,颠倒数次离心管,移除沉淀块中的异物,8 000 r/min 离心 4~5 min,倒掉乙醇,将管倒置在干净吸水纸上,乙醇流尽,干燥 DNA 沉淀;根据沉淀块大小加入 100~200 μL 灭菌的去离子水,在 55 ℃水浴中溶解 DNA;为了防止 RNA 干扰,在提取液中中加入 1 μL RNase,在常温下放置 30 min,然后用 0.1%的凝胶进行电泳检测。-20℃冰箱中保存。

2. PCR 反应

将待测样品的 DNA 提取液、引物溶液、dNTP 混合物、10 × PCR 缓冲液(含 Mg^{2+})、ddH$_2$O、Taq 酶在离心管中混匀溶解。

(1)PCR 反应体系:在 25 μL PCR 反应管中依次加入引物,上、下游引物各 1 μL,待测样品膜板 DNA 1 μL,10 × PCR 缓冲液(含 Mg^{2+})2.5 μL,2.5 mmol 的 dNTP 溶液 2 μL,Taq 酶 0.3 μL,无菌双蒸水补足至 25 μL,轻轻混匀。

(2)PCR 反应条件:将 PCR 管插入 PCR 仪中。94 ℃预变性 5 min;94 ℃变性 30 s,54 ℃退火 30 s,72 ℃延伸 1 min,循环 35 次;72 ℃延伸 10 min;4 ℃终止反应。

3. PCR 产物的电泳检测

(1)1.0 %琼脂糖凝胶板的制备:称取 1.0 g 琼脂糖,加入 1 × TAE 电泳缓冲液至 100 mL,在微波炉中加热至琼脂融化后,待溶液冷却到 50~60 ℃时,加溴化乙锭溶液 5 μL,摇匀,倒入电泳槽中,凝固后取下梳子,备用。将 5 μL PCR 产物与加样缓冲液混合,注入琼脂糖凝胶板的加样孔中。

(2)加入 2 000 bp DNA 相对分子质量标记。

(3)电泳:盖好电泳仪,插好电极,在恒压(120 V)条件下电泳 30~40 min。

(4)观察结果:电泳胶板在紫外线灯下观察;或者用紫外凝胶成像仪扫描图片存档,打印。用 2 000 bp DNA 相对分子质量标记比较判断 PCR 片段大小。

9.2.5　结果判定

1. 检测结果可靠性的判断

阳性对照的扩增产物经电泳检测,在预期大小的条带位置均出现特异性条带,阴性对照和水对照的扩增产物经电泳检测均没有预期大小的目的条带。阴性、阳性和水对照同时成立则表明试验有效,否则试验无效。

2. 马铃薯晚疫病的鉴定

待测样品在预期产物大小处有特异性带,表明样品为阳性样品,含有马铃薯晚疫病菌;若待测样品没有该特异性带,表明该样品为阴性样品,不含有马铃薯晚疫病菌。

检测结果判定图如图9 – 2所示。

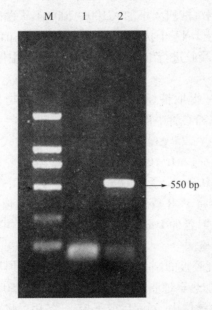

图9 – 2　晚疫病菌 RT-PCR 检测结果

M:DL2000 Marker

泳道:1,阴性对照;2,晚疫病阳性对照

第10章 马铃薯立枯丝核菌检测(PCR法)

马铃薯立枯丝核菌(*Rhizoctonia solani*)可危害植株产生丝核菌溃疡,块茎上病害为黑痣病,是很多寄主的病原物,是一种世界性病害,是威胁我国马铃薯生产的重要土传性病害。重茬或轮作不当的地块,丝核菌密度累积增加。低温和高湿有利于病原菌生长,病害随温度的提高而减少;土壤排水不良有利于块茎上的菌核形成,降低马铃薯产量,影响商品性。立枯丝核菌对马铃薯的苗期危害是最为严重的,特别在冷凉潮湿的田块,可杀伤地下芽,延缓出苗,造成缺苗或弱苗。感病块茎表面呈土壤颗粒状不规则块团,也会出现破裂、畸形、锈斑和茎末端坏死。PCR检测技术适用于植株和块茎等样品的检测。

10.1 试剂与材料

(1)1.0%琼脂糖凝胶:称取1.0 g琼脂糖,加入100 mL的1×TAE电泳缓冲液,微波炉中加热至琼脂糖融化,温度降至50~60 ℃时,加溴化乙锭溶液(EB)5 μL,摇匀,倒入电泳槽中均匀铺板,凝固后取下梳子,备用。

(2)50×TAE缓冲液:称取242 g三羟基甲基氨基甲烷(Tris)于1 000 mL烧杯中,加入57.1 mL冰乙酸,0.5 mol/L乙二铵四乙酸二钠溶液(pH 8.0)100 mL,加灭菌双蒸水至1 000 mL,用时用灭菌双蒸水稀释使用。

(3)1×TAE电泳缓冲液:量取20 mL 50×TAE缓冲液,加入980 mL蒸馏水至1 000 mL。

(4)10×PCR缓冲液:10×PCR Buffer:1 mol/L Tris-HCl(pH 8.8)10 mL,1 mol/L氯化钾溶液50 mL,Nonidet P40 0.8 mL,1.5 mol/L氯化镁溶液1 mL,灭菌双蒸水加至100 mL。

(5)溴化乙锭(10 μg/μL):称取溴化乙锭20 mg,灭菌双蒸水加至20 mL。

(6)样品提取缓冲液:1 mL β-巯基乙醇,30 mL 10% SDS,10 mL 0.5 M EDTA(pH 8.0),5 mL 1 M Tris-HCl(pH 8.0),54 mL ddH$_2$O,4 ℃保存。

(7)Tris-HCl样品缓冲液(0.05 M pH 8.0):称取0.3 g Tris bases置于100 mL烧杯中,加入约40 mL ddH$_2$O,调pH到8.0,定容至50 mL,4 ℃保存。

(8)10% SDS(100 mL):10 g SDS,100 mL无菌ddH$_2$O。

(9)引物溶液:用TE缓冲液(pH 8.0)分别将上述引物稀释到10 mmol/L。

(10)其他:DNA 提取试剂或商品化的基因组 DNA 提取试剂盒、无水乙醇、DNA 相对分子质量标准(2 000 bp)、Taq DNA 聚合酶(5 U/μL)、dNTP(各 2.5 mmol/L)

10.2 引物

(1)HZ1(F,正向引物):TTGGTTGTAGCTGGTCTATTT;

(2)HZ1(R,反向引物):TATCACGCTGAGTGGAACCA;

(3)预期扩增片段为 500 bp。

10.3 仪器

实验室常规设备及以下设备。

1. PCR 仪。

2. 台式低温高速离心机(可以控制在 4 ℃下进行离心)。

3. 电泳仪。

4. 电泳槽。

5. 紫外凝胶成像仪。

6. 微量移液器。

7. 水浴锅。

10.4 分析步骤

PCR 检测中以已知黑痣病菌株为阳性对照,以健康马铃薯脱毒试管苗作为阴性对照,以 PCR 反应中的水作为空白对照。

10.4.1 样品 DNA 的提取

(1)DNA 抽提:称取 0.1 g 样品,放于灭菌冷冻的小研钵中,加入液氮,将材料迅速破碎后,将粉末放在 1.5 mL 离心管中,加入 1 mL 提取缓冲液,加入 20 μL β-疏基乙醇,在 65 ℃水浴中 1 h;将离心管从水浴锅中取出后,加入等体积饱和酚,盖紧离心管。缓慢来回颠倒离心管至少 20 min 以混匀。不要过于剧烈,以防将 DNA 打断,室温,10 000 r/min 离心 10 min。

(2)DNA 沉淀:取上清加等体积饱和酚/氯仿/异戊醇缓慢来回颠倒离心管,混合 10 min 后 10 000 r/min 离心 10 min。重复此步骤 1~2 次,直至取出水相加入有机溶剂时看不到白色云雾状物,取上清,加入等体积的氯仿/异戊醇,混合 10 min,10 000 r/min 离心 10 min,取上清,加 2 倍体积乙醇,旋转 50~100 转后放在 -20℃ 冰箱 30 min,沉淀 DNA;将离心管取出,10 000 r/min 离心 10 min 后,可见管的下方有沉淀,即 DNA。

（3）DNA 溶解:倒掉液体,加入 1 mL 75% 乙醇,颠倒数次离心管,移去沉淀块中有异物,8 000 r/min 离心 4 ~ 5 min,倒掉乙醇,将管倒置在干净吸水纸上,乙醇流尽,干燥 DNA 沉淀;根据沉淀块大小加入 100 ~ 200 μL 灭菌的去离子水,在 55 ℃水浴中溶解 DNA;为了去除提取到 RNA,在提取液中中加入 1 μL RNase,在常温下放置 30 min,然后用 0.1% 的凝胶进行电泳检测。 －20℃ 冰箱中保存。

或者选择商品化 DNA 提取试剂盒,完成 DNA 的提取,按照说明书进行操作。

10.4.2　PCR 反应

将待测样品的 DNA 提取液、引物溶液、dNTP 混合物、10 × PCR 缓冲液（含 Mg^{2+} ）、ddH_2O、Taq 酶在离心管中混匀溶解。

（1）PCR 反应体系:在 25 μL PCR 反应管中依次加入引物上下游引物各 1μL,待测样品膜板 DNA 1 μL,10 × PCR 缓冲液（含 Mg^{2+} ）2.5 μL,2.5 mmol 的 dNTP 溶液 2 μL,Taq 酶 0.3 μL,无菌双蒸水补足至 25 μL,轻轻混匀。

（2）PCR 反应条件:将 PCR 管插入 PCR 仪中。94 ℃ 预变性 5 min;94 ℃ 变性 30 s;54 ℃ 退火 30 s;72 ℃ 延伸 1 min,循环 35 次;72 ℃ 延伸 10 min;4 ℃ 终止反应。

10.4.3　PCR 产物的电泳检测

（1）1.0% 琼脂糖凝胶板的制备:称取 1.0 g 琼脂糖,加入 1 × TAE 电泳缓冲液至 100 mL,在微波炉中加热至琼脂融化后,待溶液冷却至 50 ~ 60 ℃ 时,加溴化乙锭溶液 5 μL,摇匀,倒入电泳槽中,凝固后取下梳子,备用。

将 5 μL PCR 产物与加样缓冲液混合,注入琼脂糖凝胶板的加样孔中。

（2）加入 2 000 bp DNA 相对分子质量标记。

（3）电泳:盖好电泳仪,插好电极,在恒压（120 V）条件下电泳 30 ~ 40 min。

（4）观察结果:电泳胶板在紫外线灯下观察;或者用紫外凝胶成像仪扫描图片存档,打印。用 2 000 bp DNA 相对分子质量标记比较判断 PCR 片段大小。

10.5　结果判定

10.5.1　检测结果可靠性判断

阳性对照的扩增产物经电泳检测,在预期大小的条带位置均出现特异性条带,阴性对照和水对照的扩增产物经电泳检测均没有预期大小的目的条带。阴性、阳性和水对照同时成立则表明试验有效,否则试验无效。

10.5.2 马铃薯黑痣病鉴定

待测样品在预期产物大小处有特异性带,表明样品为阳性样品,含有马铃薯黑痣病菌;若待测样品没有该特异性带,表明该样品为阴性样品,不含有马铃薯黑痣病菌。

检测结果判定图如图 10-1 所示。

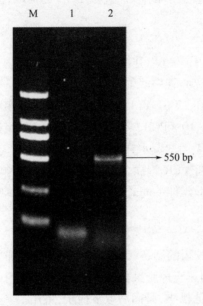

图 10-1 黑痣病 RT-PCR 检测结果

M:DL2000 Marker

泳道:1,阴性对照;2,黑痣病菌阳性对照

第11章 马铃薯早疫病检测

马铃薯早疫病是马铃薯的一种真菌性病害,在世界范围内均有发生,并且在马铃薯种植区域普遍存在,尤其在发展中国家被认为是仅次于马铃薯晚疫病的第二大病害。这种病害给许多马铃薯产区造成大面积减产而导致巨大的经济损失,损失可达到20% ~ 30%。马铃薯早疫病主要以为害叶片为主,同时为害叶柄、茎和块茎,容易造成马铃薯贮藏期的块茎腐烂。

马铃薯早疫病的病原为茄链格孢(*Alternaria solani*(E. & M.)*Sorauer*)。茄链格孢菌属于半知菌亚门(*Deuteromycotina*),丝孢纲(*Hyphomycetes*),丛梗孢目(*Moniliales*),暗色孢科(*Dematiaceae*)。可根据显微镜观察孢子形态特征即常规的生物学方法检测马铃薯早疫病菌。随着分子生物学技术的发展,也可根据茄链格孢菌的保守序列(ITS区)设计引物,进行PCR扩增和检测,可用于检测马铃薯叶片、植株、块茎等样品。

11.1 马铃薯早疫病生物学鉴定

11.1.1 试剂与材料

样品的取样方法按照国家标准GB/T 8855 – 2008《新鲜水果和蔬菜取样方法》中规定的取样一般要求执行,室内检测所用的水按照国家标准GB/T 6682 – 2008《分析实验室用水规格和试验方法》中规定的三级水要求执行。

用品为PDA培养基、马铃薯、葡萄糖、琼脂、蒸馏水、蔗糖、盖玻片、载玻片、培养皿、量筒、锥形瓶等。

11.1.2 仪器

电子天平、生物学显微镜等。

11.1.3 操作步骤

1. PDA培养基的制备

称取马铃薯200 g,加400 ~ 500 mL水,煮20 min,过滤取液;将琼脂用另500 mL水溶解,再将两者混合,定容至1 000 mL,分装灭菌备用。

2. 分离及培养

（1）有病斑和典型症状的样品：直接带回实验室，放在保湿盒内 24 h 后，待菌丝长出，转移到水琼脂培养基上 25 ℃培养 12 h，转至 PDA 或燕麦培养基上继续培养。2～3 天待菌丝生长好后，挑取菌丝，直接镜检。

（2）无典型症状或病斑的样品：将病斑放入 70% 乙醇中 30 s 取出，同时用 2% 的 NaClO 浸泡 2 min，再用灭菌蒸馏水冲洗 2 次，在超净工作台上吹干，随后转移至 PDA 培养基上 25 ℃培养，要求在 12 h 光照条件下。2～3 天待菌丝生长好后，挑取菌丝，直接镜检。

11.1.4 结果判定

将压好的玻片放在生物显微镜下观察，并记录病原菌形态特征。如果镜下的菌丝、孢子囊形态符合茄链格孢菌的形态特征，分生孢子梗单生或簇生，直或弯曲，浅黄褐色或青褐色，不分枝或罕生分支，$47.5 \sim 106.0 \ \mu m \times 7.5 \sim 10.5 \ \mu m$。分生孢子常单生，直或稍弯曲，倒棒状，青褐色，具横膈膜 5～12 个，纵、斜隔膜 0～5 个，孢身 $67.0 \sim 140.5 \ \mu m \times 15.5 \sim 28.5 \ \mu m$。喙丝状，淡褐色，分枝或不分枝，$60.0 \sim 178.5 \ \mu m \times 3.0 \sim 4.5 \ \mu m$。可根据以上特征判断马铃薯早疫病菌。如图 11 – 1 所示。

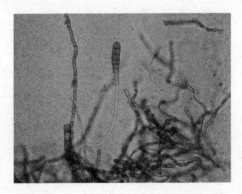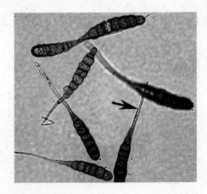

图 11 – 1　茄链格孢菌（A. solani）显微镜下形态

11.2　马铃薯早疫病菌检测（PCR 法）

利用 rDNA – ITS 序列分析核糖体基因 ITS 序列在真菌种间的高度变异性和种内的稳定性，设计相应的特异性引物进行 PCR 分子扩增，实现病原真菌的分子检测。本方法是利用早疫病的病原菌链格孢属（*Alternaria Solani*）核糖体基因内转录间隔区(ITS)的全序列分析设计出检测马铃薯早疫病菌的对特异性引物,建立了早疫病的 PCR 分子检测技术体系。

11.2.1 试剂与材料

(1)Taq DNA 聚合酶(5 U/μL)。

(2)溴化乙锭(10 μg/μL)。

(3)50×TAE 缓冲液。

(4)10×PCR buffer。

(5)$MgCl_2$(10 mmol/L)。

(6)dNTPs(2 mmol/L)。

(7)Primers(10 μmol/L)。

(8)Taq 酶模板 DNA(10 ng/μg)。

11.2.2 引物

引物信息如表 11-1 所示。

表 11-1 引物信息

引物名称	引物序列	扩增条带大小
WSF	TAGGACAAACATAAACCTTTGGT	270 bp
WSR	AAACATAAACCTTTTGTAATT	

11.2.3 仪器

1. PCR 仪。

2. 台式低温高速离心机。

3. 电泳仪。

4. 电泳槽。

5. 紫外凝胶成像仪。

6. 微量移液器一套。

11.2.4 操作步骤

1. DNA 提取方法

早疫病菌菌株及其他阴性菌株提取方法采用常规的 SDS 提取法或商业 DNA

提取试剂盒。针对每个复合样品,选取具有早疫病疑似病症的侵染部位。DNA 浓度检测采用紫外分光光度法,将保存的 DNA 溶液用超纯水稀释一定倍数,测定其 OD260 和 OD280,DNA 纯度依据 OD260/OD280 判定,比值在 1.8 以上的 DNA 符合要求。

2. PCR 反应条件的设定及体系优化

调整 PCR 反应体系,Mg^{2+}、Taq 酶终浓度,设立 PCR 反应退火温度梯度,计算延伸时间,最终建立最佳的 PCR 检测体系和反应条件,如表 11 - 2 所示。

表 11 - 2　PCR 的反应体系及条件

PCR 反应体系(25 μL)		PCR 反应条件	
PCR Mix	12.5 μL	94 ℃	5 min
Primer – F(10 pmol)	1.0 μL	94 ℃	30 s
Primer – R (10 pmol)	1.0 μL	退火	30 s 35 cycles
DNA	1.0 μL	72 ℃	1 min
ddH₂O	9.5 μL	72 ℃	5 min
		4 ℃	保存

3. 电泳检测

制备 1.0% 琼脂糖凝胶板。在电泳槽中加入 1 × TAE 电泳缓冲液,使液面刚刚没过凝胶。取 5 ~ 10 μL PCR 产物分别和适量加样缓冲液混合后,加入凝胶孔,再加入 2 000 bp DNA 相对分子质量标准物。

恒压(120 V)下电泳 30 ~ 40 min,将凝胶放到凝胶成像系统上观察结果。

4. 序列验证

通过上述方法获得 PCR 产物,送生物工程有限公司测序。用 GenBank 中的 Blast 功能进行序列验证。

11.2.5　结果判定

通常情况下,在第一泳道上样标准相对分子质量,第二泳道上样阳性菌株,第三泳道上样空白即水对照,之后依次加入被测样品的 PCR 反应产物。通常上样量为 5 μL。如果出现与阳性菌株条带大小一样的目的条带(270 bp)(见图 11 - 2),则初步判断为阳性,待测序比对后最终确定该样品是否感染早疫病;若被测样品 PCR 产物电泳无条带,或条带大小不在 270 bp,则判断为阴性样品。

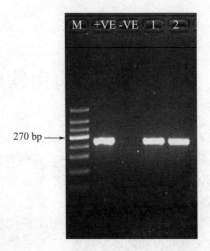

图 11 - 2   WSF/WSR 引物特异性鉴定

(检测 A. solani)

M:100 bp DNA 标准相对分子质量

泳道:1,空白对照;2、3,马铃薯早疫病菌阳性对照

第12章 马铃薯黑胫病和软腐病检测

马铃薯黑胫病是由 *Pectobacterium carotovora* subsp. *atroseptica* 引起的一种细菌性病害,又称黑脚病,以茎基部变黑的症状而命名。带病种薯在气候适宜时发病严重,在土壤中腐烂成黏团状,不发芽,或刚发芽即烂在土中,不能出苗;马铃薯幼苗感病植株矮小,节间短缩,或胫部变黑,萎蔫而死。东北、西北、华北地区均有发生,近年来,东北、南方和西南栽培区有加重趋势,多雨年份可造成严重减产。马铃薯软腐病是由 *Pectobacterium spp.* 引起的块茎病害,一般会造成马铃薯块茎贮藏期的烂窖。马铃薯黑胫病和软腐病严重威胁马铃薯生产及窖储安全。马铃薯黑胫病和软腐病的病原菌属于果胶杆菌属(*Pectobacterium*),在结晶紫果胶酸盐(CVP)选择性培养基上只有欧文氏杆菌可在48 h后于菌落周围形成坑洞,其原理是CVP选择性培养基中是以多聚果胶酸钠(Polygalacturonate Sodium)为唯一碳源,被果胶杆菌利用后,菌落周围形成凹陷,据此特征判定是否为此类细菌。其次,根据该属菌株的保守序列,设计特异性引物进行常规 PCR 或 Real-Time PCR 的分子检测。选择性培养基法一般在具有黑胫病或软腐病疑似症状并且能够进行有效菌株分离的植株或块茎得以应用;分子检测法一般在无症状的试管苗和块茎或无法进行有效菌株分离的腐烂样品上应用。

12.1 马铃薯黑胫病和软腐病检测(选择性培养基法)

12.1.1 试剂与材料

(1)10% 二水氯化钙($CaCl_2 \cdot 2H_2O$):称取 1 g 二水氯化钙($CaCl_2 \cdot 2H_2O$),用蒸馏水溶解并定容至 10 mL,现用现配。

(2)硝酸钠($NaNO_3$)。

(3)0.075% 结晶紫溶液:称取 0.075 g 结晶紫,用蒸馏水溶解并定容至 100 mL。

(4)10% 十二烷基磺酸钠(SDS)溶液:称取 1 g SDS,用蒸馏水溶解并定容至 10 mL,现用现配。

(5)其他:胰蛋白胨(Tryptone)、多聚果酸钠、细菌专用琼脂粉、次氯酸钠

（NaCIO）、柠檬酸钠。

12.1.2 仪器

1. 天平。
2. 灭菌锅。
3. 超净工作台。
4. 恒温培养箱。

12.1.3 分析步骤

1. 结晶紫果胶酸盐（CVP）培养基制作

将 500 mL 煮沸的蒸馏水倒入预热的高速组织搅拌瓶（Waring Blender jar）中，低速搅拌并按顺序加入以下试剂：6.8 mL 10% $CaCl_2 \cdot 2H_2O$ 溶液，1 g $NaNO_3$，2.5 g 柠檬酸钠，0.5 g Tryptone，1 mL 0.075% 结晶紫溶液，2 g 琼脂粉。加好上述药品后，开始高速搅拌并缓慢地加入 9 g 多聚果酸钠。然后将搅拌瓶中的培养基倒入一个装有 0.5 mL 10% SDS 溶液的 2 L 三角瓶中，封好瓶口后置于灭菌锅中，120 ℃ 高压湿热灭菌 25 min。灭菌结束后，在其冷却凝固前倒入灭菌的培养皿中。

2. 试样制备

所有试验用具都要用 75% 乙醇擦拭灭菌。

（1）植株：用自来水将植株冲洗干净，截取病健交界处的一段茎（3～4 cm），用 1.5% 次氯酸钠（NaClO）灭菌 2～3 min，再用无菌水冲洗 2 次，在无菌条件下，切取病健交界处的健康组织维管束，放入研钵中加 1 mL 无菌水研磨成匀浆。

（2）块茎：用自来水将块茎冲洗干净，用 3% 次氯酸钠（NaClO）灭菌 2～3 min，再用无菌水冲洗 2 次，在无菌条件下，切取病健交界处的一小片健康组织，放入研钵中加 1 mL 无菌水研磨成匀浆。

（3）测定步骤：在无菌条件下，取试样制备中研磨好的组织匀浆，在 CVP 培养基平板上进行画线或涂布，24 ℃ 下培养 48 h。

12.1.4 结果判定

在 CVP 培养基上，若生长的菌落周围形成坑洞或凹陷，则判定是马铃薯黑胫病或软腐病的病原菌；若生长的菌落周围未形成坑洞或凹陷，则判定不是马铃薯黑胫病或软腐病的病原菌。

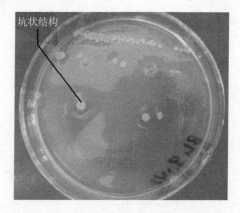

坑状结构

图 12 – 1 欧文氏杆菌(*Pectobacterium*)在 CVP 培养基上形成的坑状结构

12.2 马铃薯黑胫病菌检测(Real-time PCR 法)

根据该病原菌基因组中保守序列的特异性和唯一性,采用实时荧光定量反应(Real-time PCR)进行马铃薯黑胫病 Eca 的检测。

12.2.1 试剂与材料

使用不同浓度的标准菌液作为标准样品。

标准菌液的制备方法如下:通过 CVP 培养基培养已经保存菌株,配制 0.01 mol/L MgSO₄ 溶液。挑取马铃薯黑胫病菌落放入 0.01 mol/L MgSO₄ 溶液,在分光光度计下,通过改变 MgSO₄ 溶液中黑胫病菌浓度,调整 OD 值为 0.06,作为标准菌液(OD0.06 = 3.6 – 3.9 × 10⁷ cfu/mL),然后将此标准菌液以 10 倍梯度进行连续稀释(10³,10⁴,10⁵,10⁶,10⁷,10⁸)。这时浓度是活菌株数浓度,通过下公式转换成为模板 DNA 浓度:

$1\ pg\ DNA = (1 \times 10^{-12} \times N)/(M/D) = 0.187\ cfu$

其中 N = 阿伏伽德罗常数($6.022 \times 10^{23}\ mol^{-1}$);

M = Eca 型黑胫病菌基因组含有 $4.8 \times 10^{6}\ bp$ 个碱基对;

D = 转换因子(对 dsDNA 为 $6.6 \times 10^{5}\ g \cdot mole^{-1} \cdot kb^{-1}$)。

DNA 提取试剂或商品化的基因组 DNA 提取试剂盒。

用去离子水将上、下游引物分别配制成浓度为 100 ng/μL 的水溶液。

样品对照及标准品制备:以已知黑胫病菌株为阳性对照,以健康马铃薯脱毒试管苗作为阴性对照,以反应使用的水作为空白对照。

ABI SYBR Green PCR Master Mix 反应试剂盒或同类反应试剂盒。

12.2.2 引物

表 12 - 1 引物序列

类型	引物名称	序列(5′~3′)	长度/bp
检测引物	Y1	TCCGCAGGTTCTGTTGGTTG	181
	Y2	GAAAGCAGTTTGGCGACATCC	
内参引物	NC1	ATAATGTGCCTGCCGAGCCAAG	95
	NC2	GCCGCCTACGCCAATGACC	

12.2.3 仪器和用具

1. Real-time PCR 仪。

2. 台式低温高速离心机。

3. 冰箱。

4. 灭菌锅。

12.2.4 分析步骤

设立阳性对照和阴性对照。在以下实验过程中,要设立阴性、阳性对照,即标准的阳性菌株样品和阴性健康植株样品同待测样品一同进行如下操作。

1. 样品 DNA 的提取

(1)DNA 抽提:称取 0.1 g 样品,放于灭菌冷冻的小研钵中,加入液氮,将材料迅速破碎后,将粉末放在 1.5 mL 离心管中,加入 1 mL 样品提取缓冲液,在 65 ℃水浴中 1 h;将离心管从水浴锅中取出后,加入等体积饱和酚,盖紧离心管。缓慢来回颠倒离心管至少 20 min 以混匀。不要过于剧烈,以防将 DNA 打断,室温,10 000 r/min离心 10 min。

(2)DNA 沉淀:取上清加等体积饱和酚/氯仿/异戊醇缓慢来回颠倒离心管,混合 10 min 后 10 000 r/min 离心 10 min。重复此步骤 1 ~ 2 次,直至取出水相加入有机溶剂时看不到白色云雾状物,取上清,加入等体积的氯仿/异戊醇,混合10 min,10 000 r/min 离心 10 min,取上清,加 2 倍体积乙醇,旋转 50 ~ 100 转后放在 - 20 ℃冰箱 30 min,沉淀 DNA;将离心管取出,10 000 r/min 离心 10 min 后,可见管的下方有沉淀,即 DNA。

(3)DNA 溶解:倒掉液体,加入 1 mL 75% 乙醇,颠倒数次离心管,移去沉淀块中有异物,8 000 r/min 离心 4~5 min,倒掉乙醇,将管倒置在干净吸水纸上,乙醇流尽,干燥 DNA 沉淀;根据沉淀块大小加入 100~200 μL 灭菌的去离子水,在 55 ℃ 水浴中溶解 DNA;为了去除提取到 RNA,在提取液中中加入 1 μL RNase,在常温下放置 30 min,然后用 0.1% 的凝胶进行电泳检测。 -20℃冰箱中保存。

或者选择市售商品化 DNA 提取试剂盒,完成 DNA 的提取。

2. Real-time PCR

(1)Real-time PCR 25 μL 体系包括表 12-2 中内容。

表 12-2　Real-time PCR 反应体系(25 μL)

反应试剂	加入量
ABI SYBR Green MIX(2×)	12.5 μL
上游引物(100 μg/μL)	0.5 μL
下游引物(100 μg/μL)	0.5 μL
DNA(待检)	2.0 μL
ddH$_2$O	9.5 μL

注:上述反应体系为推荐体系,实际检测中可根据自行购置的反应试剂适当调节加入量。

按照顺序逐一加入上述成分,全部加完后,混匀,瞬时离心,使液体都沉降到 PCR 管底。设置反应条件,进行实时定量荧光 PCR 检测。

(2)QPCR 反应条件:95 ℃ 10 min,95 ℃ 15s,60 ℃退火 1 min,循环 35 次。

3. Real-time PCR 的结果

设置分析软件的基线和阈值,最后得到每个样品的 CT 值。

数据分析采用比较 CT 法(ddCT),即

相对表达量 = 2 - ddCT = 2 - (dCT 处理 - dCT 对照) = 2 - (CT 处理 - CT 内参) + (CT 对照 - CT 内参)

数据取 3 次重复平均值。

12.2.5　结果判定

标准物质构建的标准曲线作为判定依据,计算待检样品起始浓度值,起始浓度值大于 3.6~3.9 cfu/mL 则判定样品为阳性;反之为阴性。

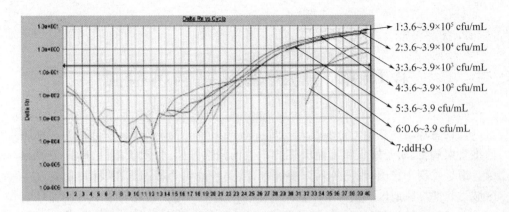

1:3.6~3.9×10^5 cfu/mL

2:3.6~3.9×10^4 cfu/mL

3:3.6~3.9×10^3 cfu/mL

4:3.6~3.9×10^2 cfu/mL

5:3.6~3.9 cfu/mL

6:0.6~3.9 cfu/mL

7:ddH$_2$O

PCR 循环数

图 12 – 2 马铃薯黑胫病菌实时定量荧光 PCR(染料法)灵敏度检测

第13章 马铃薯环腐病菌检测

马铃薯环腐病是由 *Clavibacter michiganensis* subsp. *sepedonicus* 引起的一种细菌性维管束病害,属于好氧和兼性厌氧的革兰氏阳性杆菌,为棒状菌科、棒杆菌属细菌。最早发现于德国,现已传入许多国家,欧美各地尤为普遍。在我国,主要发生区域为北部冷凉地区。世界上把它列为重要的进出口植物检疫对象。马铃薯环腐病是一种革兰氏染色呈阳性的棒状菌,染色后经光学显微镜观察,其特征明显区别于马铃薯其他主要的细菌病害(如马铃薯黑胫病和软腐病、马铃薯青枯病,二者均为革兰氏阴性菌),革兰氏染色法一般在具有马铃薯环腐病疑似症状的植株或块茎上应用;分子检测法一般在无症状的试管苗和块茎上应用,特别是 Real-time PCR 检测法对于潜隐性的马铃薯环腐病菌更为有效。

13.1 马铃薯环腐病菌检测(革兰氏染色法)

13.1.1 试剂与材料

(1)结晶紫(又称龙胆紫)染色液:称取结晶紫 2.5 g 溶于少量水中,定容至 1 000 mL。

(2)碳酸氢钠溶液:称取 12.5 g 碳酸氢钠($NaHCO_3$),溶解并定容至 1 000 mL。

(3)碘媒染液:称取 2 g 碘溶解于 10 mL 1M 氢氧化钠(NaOH)溶液中,加水定容为 100 mL。

(4)脱色剂:量取 25 mL 丙酮(CH_3COCH_3),加 95% 乙醇(CH_3CH_2OH)定容至 100 mL。

(5)碱性品红复染液:取 100 mL 碱性品红 95% 乙醇(CH_3CH_2OH)饱和液,加水定容至 1 000 mL。

(6)其他:香柏油、二甲苯。

13.1.2 仪器

1. 生物显微镜(带有显微照相功能)。
2. 载玻片。
3. 酒精灯。

4.容量瓶 100 mL、1 000 mL;移液管 10 mL。

13.1.3 分析步骤

1.设立阳性对照和阴性对照

在以下实验过程中,要设立阴性和阳性对照,即标准的阳性样品和阴性样品同待测样品一同进行如下操作。

(1)试样制备:所有试验用具都要用 70% 乙醇擦拭灭菌。

(2)鉴定植株:从地表上方 2 cm 处割断,用镊子从切口挤出汁液,滴 1 滴于载玻片上,风干后,用酒精灯火焰烘烤 2~3 次固定。另一方法是,从切口一端切下 0.5 cm 厚茎片,在小研钵中研磨,吸取 1 滴汁液滴于载玻片上,风干后,用酒精灯火焰烘烤 2~3 次固定。

(3)鉴定块茎:切开块茎,如维管束处变色或腐烂,用镊子压挤,滴 1 滴渗出物于载玻片上,加 1 滴无菌水稀释,风干后,用酒精灯火焰烘烤 2~3 次固定。如无渗出物,用镊子从维管束附近取出一些碎组织放在载玻片上,加 1 滴无菌水压挤混匀,移掉碎组织。风干后,用酒精灯火焰烘烤 2~3 次固定。

2.测定步骤

(1)染色:滴 1 滴结晶紫染色液与碳酸氢钠溶液等量混合(现用现配)于载玻片上,染色 20 s。

(2)媒染:滴 1 滴碘媒染液于上述玻片上媒染 20 s,滴水洗涤。

(3)脱色:脱色剂脱色 5~10 s,滴水洗涤。

(4)复染:滴 1 滴碱性品红复染液复染 2~3 s,滴水洗涤,风干。

3.显微镜检

用显微镜 10×10 和 10×40 倍下镜检复染后的涂片,镜检时以已知环腐病菌的革兰氏染色照片和菌体形态特征照片为对照。

4.结果判定

染色后镜检结果呈蓝紫色的判定为革兰氏阳性,呈粉红色的判定为革兰氏阴性,然后显微照相。将革兰氏阳性反应的涂片加 1 滴香柏油于 10×100 倍显微镜下观察菌体形态,测量菌体大小,并进行显微照相。马铃薯环腐杆状杆菌菌体短杆状,大小为 $0.8~1.2×0.4~0.6(\mu m)$,无鞭毛,单生或偶尔成双,不形成荚膜及芽孢,好气性。革兰氏染色后镜检呈蓝紫色。将革兰氏染色呈阳性涂片在显微镜高倍下观察,马铃薯环腐菌为棒状杆菌,通常长为 $0.8~1.2~\mu m$,宽为 $0.4~0.6~\mu m$,单个存在,偶尔成双,有时出现"V""L""Y"形连接,如图 13–1 所示。

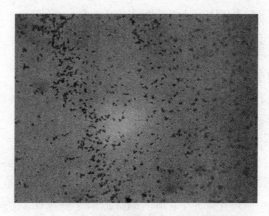

图 13 – 1　马铃薯环腐病革兰氏染色检测结果

13.1.4　注意事项

（1）革兰氏染色成败的关键是乙醇脱色。如脱色过度，革兰氏阳性菌也可被脱色而染成阴性菌；如脱色时间过短，革兰氏阴性菌也会被染成革兰氏阳性菌。脱色时间的长短还受涂片厚薄及乙醇用量多少等因素的影响，难以严格规定。

（2）染色过程中勿使染色液干涸。用水冲洗后，应吸去玻片上的残水，以免染色液被稀释而影响染色效果。

（3）操作过程均在无菌条件下进行，防止其他菌的交叉污染。

（4）检测结束后，处理好样品，灭菌，防止病原菌扩散。

13.2　马铃薯环腐病菌检测（PCR 法）

13.2.1　试剂与材料

（1）DNA 提取试剂或商品化的基因组 DNA 提取试剂盒。

（2）Taq DNA 聚合酶（5 u/μL）。

（3）DNA 相对分子质量标准（2 000 bp）。

（4）无水乙醇。

（5）溴化乙锭（10 μg/μL）：称取溴化乙锭 20 mg，灭菌双蒸水加至 20 mL。

（6）1 mol/L Tris-HCl（pH 8.0）溶液：称取 121.1 g Tris 碱溶解于 800 mL 水中，用浓盐酸调 pH 至 8.0，用蒸馏水定容至 1 000 mL，121 ℃高压灭菌 20 min。

（7）样品提取缓冲液：1 mL β – 巯基乙醇，30 mL 10% SDS，10 mL 0.5 M EDTA（pH 8.0），5 mL 1 M Tris-HCl（pH 8.0），54 mL ddH$_2$O，4 ℃保存。

(8)50×TAE 缓冲液:称取 242 g 三羟基甲基氨基甲烷(Tris)于 1 000 mL 烧杯中,加入 57.1 mL 冰乙酸,0.5 mol/L 乙二铵四乙酸二钠溶液(pH 8.0)100 mL,加灭菌双蒸水至 1 000 mL,用时用灭菌双蒸水稀释使用。

(9)1×TAE 电泳缓冲液:量取 20 mL 50×TAE 缓冲液,加入蒸馏水定容至 1 000 mL。

(10)加样缓冲液:分别称取聚蔗糖 25 g,溴酚蓝 0.1 g,二甲苯青 0.1 g,加灭菌双蒸水至 100 mL(或直接使用市售试剂)。

(11)10 mmol/L 的四种脱氧核糖核苷酸(dATP、dCTP、dGTP、dTTP)混合溶液。

(12)10×PCR 缓冲液:10×PCR Buffer:1 mol/L Tris-HCl(pH 8.8)10 mL,1 mol/L氯化钾溶液 50 mL,Nonidet P40 0.8 mL,1.5 mol/L 氯化镁溶液 1 mL,灭菌双蒸水加至 100 mL(或直接使用市售试剂)。

(13)引物溶液:用 TE 缓冲液(pH 8.0)分别将上述引物稀释到 10 mmol/L。

13.2.2 引物

1.第一组(常规 PCR)

HF5-1(F,正向引物):CCGACTCTGGGATAACTG。

HF3-1(R,反向引物):ATTCCACCGCTACACCAG。

拟扩增片段为 541 bp。

2.第二组(多重 PCR)

PSA-1(检测环腐病,F,正向引物):CTCCTTGTGGGGTGGGAAAA。

PSA-R(检测环腐病,R,正向引物):TACTGAGATGTTTCACTTCCCC。

NS-7-F(内参,F,正向引物):GAGGCAATAACAGGTCTGTGATGC。

NS-8-R(内参,R,反向引物):TCCGCAGGTTCACCTACGGA。

检测 *Clavibacter michiganensis* subsp. *sepedonicus* 的拟扩增片段为 502 bp(PSA引物对)。

检测内参马铃薯植株(18S rRNA)的拟扩增片段为 377 bp(NS 引物对)。

第一组和第二组引物任选一组使用。

13.2.3 仪器

1.PCR 仪。

2.台式低温高速离心机。

3.电泳仪、电泳槽。

4.紫外凝胶成像仪。

5.微量移液器。

6. 水浴锅等。

13.2.4　分析步骤

设立阳性对照和阴性对照。在以下实验过程中,要设立阴性和阳性对照,即标准的阳性菌株样品和阴性健康植株样品同待测样品一同进行如下操作。

1. 样品 DNA 的提取

(1)DNA 抽提:称取 0.1 g 样品,放于灭菌冷冻的小研钵中,加入液氮,将材料迅速破碎后,将粉末放在 1.5 mL 离心管中,加入 1 mL 样品提取缓冲液,在 65 ℃水浴中 1 h;将离心管从水浴锅中取出后,加入等体积饱和酚,盖紧离心管。缓慢来回颠倒离心管至少 20 min 以混匀。不要过于剧烈,以防将 DNA 打断,室温,10 000 r/min 离心 10 min。

(2)DNA 沉淀:取上清加等体积饱和酚/氯仿/异戊醇缓慢来回颠倒离心管,混合 10 min 后 10 000 r/min 离心 10 min。重复此步骤 1～2 次,直至取出水相加入有机溶剂时看不到白色云雾状物,取上清,加入等体积的氯仿/异戊醇,混合 10 min,10 000 r/min 离心 10 min,取上清,加 2 倍体积乙醇,旋转 50～100 转后放在 -20 ℃冰箱 30 min,沉淀 DNA;将离心管取出,10 000 r/min 离心 10 min 后,可见管的下方有沉淀,即 DNA。

(3)DNA 溶解:倒掉液体,加入 1 mL 75% 乙醇,颠倒数次离心管,移去沉淀块中有异物,8 000 r/min 离心 4～5min,倒掉乙醇,将管倒置在干净吸水纸上,乙醇流尽,干燥 DNA 沉淀;根据沉淀块大小加入 100～200 μL 灭菌的去离子水,在 55 ℃水浴中溶解 DNA;为了去除提取到 RNA,在提取液中加入 1 μL RNase,在常温下放置 30 min,然后用 0.1% 的凝胶进行电泳检测。-20 ℃冰箱中保存。

或者选择市售商品化 DNA 提取试剂盒,完成 DNA 的提取。

2. PCR 反应

将待测样品的 DNA 提取液,引物溶液,dNTP 混合物,10 × PCR 缓冲液(含 Mg^{2+}),ddH$_2$O,Taq 酶在离心管中混匀溶解。

(1)PCR 反应体系

第一组引物:在 25 μL PCR 反应管中依次加入引物,上、下游引物各 0.5 μL,待测样品模板 DNA 1 μL,10 × PCR 缓冲液(含 Mg^{2+})2.5 μL,2.5 mmol 的 dNTP 溶液 4 μL,Taq 酶 0.2 μL,无菌双蒸水补足至 25 μL,轻轻混匀。

第二组引物:在 25 μL PCR 反应管中依次加入 PSA 上、下游引物各 0.5 μL,NS 上下游引物各 0.1 μL,待测样品模板 DNA 2 μL,10 × PCR 缓冲液(含 Mg^{2+})2.5 μL,2.5mmol 的 dNTP 溶液 4 μL,Taq 酶 0.2 μL,无菌双蒸水补足至 25 μL,轻轻混匀。

（2）PCR 反应条件

第一组引物:将 PCR 管插入 PCR 仪中。95 ℃预变性 5 min;95 ℃变性 30 s,59 ℃退火 30 s,72 ℃延伸 1 min,循环 35 次;72 ℃延伸 10 min;4 ℃终止反应。

第二组引物:将 PCR 管插入 PCR 仪中。95 ℃预变性 3 min;95 ℃变性 1 min,64 ℃退火 1 min,72 ℃延伸 1 min,循环 10 次;95 ℃变性 30 s,62 ℃退火 30 s,72 ℃延伸 1 min,循环 25 次;72 ℃延伸 5 min;4 ℃终止反应。

3.PCR 产物的电泳检测

（1）1.0% 琼脂糖凝胶板的制备:称取 1.0 g 琼脂糖,加入 0.5 × TAE 电泳缓冲液至 100 mL,在微波炉中加热至琼脂融化后,待溶液冷却至 50 ~ 60 ℃时,加溴化乙锭溶液 5 μL,摇匀,倒入电泳槽中,凝固后取下梳子,备用。将 20 μL PCR 产物与 20 μL 加样缓冲液混合,注入琼脂糖凝胶板的加样孔中。

（2）加入 100 bp DNA 相对分子质量标记。

（3）电泳:盖好电泳仪,插好电极,在 5 V/cm 电压电泳条件下电泳 30 ~ 40 min。

（4）观察结果:电泳胶板在紫外线灯下观察;或者用紫外凝胶成像仪扫描图片存档,打印。用 2 000 bp DNA 相对分子质量标记比较判断 PCR 片段大小。

13.2.5　结果判定

检测结果如图 13 - 2 和图 13 - 3 所示。

1.检测结果可靠性判断

阳性对照的扩增产物经电泳检测,在预期大小的条带位置均出现特异性条带,阴性对照和水对照的扩增产物经电泳检测均没有预期大小的目的条带。阴、阳性和水对照同时成立则表明试验有效,否则试验无效。

2.马铃薯环腐病鉴定

待测样品在预期产物大小处有特异性条带,表明样品为阳性样品,含有马铃薯环腐病;若待测样品没有特异性条带,表明该样品为阴性样品,不含有马铃薯环腐病。

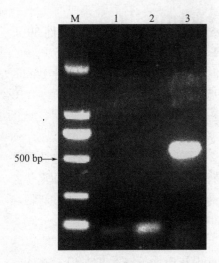

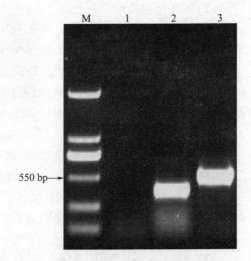

图 13 – 2　马铃薯环腐病第一组引物
　　PCR 检测电泳图
注:M:DL2000 Marker
泳道:1,空白对照;2,阴性对照;
　　3,环腐病菌株

图 13 – 3　马铃薯环腐病第二组引物
　　PCR 检测电泳图
注:M:DL2000 Marker
泳道:1,空白对照;2,阴性对照(植物);
　　3,环腐病菌株

13.3　马铃薯环腐病菌检测(Real-time PCR 法)

13.3.1　试剂与材料

(1)商品化的 DNA 提取试剂或商品化的革兰氏阳性菌基因组 DNA 提取试剂盒。

(2)无水乙醇。

(3)DNA 纯化回收试剂盒。

(4)高纯度质粒小量快速提取试剂盒。

(5)pMD 18 – T 载体。

(6)感受态细胞。

(7)ABI Taqman Gene Expression Master Mix 反应试剂盒或同类反应试剂盒。

用去离子水将上、下游引物分别配制成浓度为 10 ng/μL 的水溶液;用去离子水将探针配置成浓度 25 mmol 的水溶液。

样品对照及标准品制备:以已知环腐病菌株为阳性对照,以健康马铃薯脱毒试管苗作为阴性对照,以反应使用的水作为空白对照。

标准品制备,以 PCR 检测构建的重组质粒作为标准品。采用质粒小量抽提试剂盒制备克隆重组质粒 DNA,制备的重组质粒 DNA 原液用紫外分光光度计测定其纯度和浓度,然后,将重组质粒 DNA 进行十倍梯度稀释(由 $10^{-1} \sim 10^{-15}$ 稀释)制成一系列的标准样品。

13.3.2 引物与探针

引物与探针序列如表 13 – 1 所示。

表 13 – 1 引物与探针序列

类型	引物名称	序列(5′~3′)	长度/bp
引物	QHF5	CTGGGATAACTGCTAGAAATGG	142
	QHF3	CGTCGTAGGCTTGGTGAG	
探针	5′(FAM) – TTCGGTTGGGGATGGACTCGCGGCC(TAMRA) – 3′		

13.3.3 仪器

1. Real-time PCR 仪。
2. 台式低温高速离心机。
3. 冰箱。
4. 灭菌锅。
5. 微量移液器等。

13.3.4 操作步骤

1. 样品采集
(1)试管苗:取整个植株或部分组织,现用现取。
(2)块茎:取脐部及周围组织约 0.1 ~ 0.2 g,现用现取或液氮保存。
(3)植株:取马铃薯叶 0.1 g,现用现取或液氮保存。

2. DNA 提取
(1)DNA 抽提:取马铃薯块茎或叶片 0.1 g 左右放入研钵中,加入液氮,将材料迅速破碎后,将粉末放在 1.5 mL 离心管中,加入 1 mL 提取缓冲液,加入 20 μL 巯基乙醇,迅速在 65 ℃水浴中过夜。

将离心管从水浴锅中取出后,加入等体积饱和酚,盖紧离心管。缓慢来回颠倒离心管至少 20 min 以混匀。不要过于剧烈,以防将 DNA 打断;室温,10 000 r/min

离心 10 min。

（2）DNA 沉淀：取上清加等体积饱和酚/氯仿/异戊醇缓慢来回颠倒离心管，混合 10 min 后 10 000 r/min 离心 10 min。重复此步骤 1~2 次，直至取出水相加入有机溶剂时看不到白色云雾状物；取上清，加入等体积的氯仿/异戊醇，混合 10 min，10 000 r/min 离心 10 min。取上清，加 2 倍体积乙醇，旋转 50~100 转后放在 -20 ℃冰箱 30 min，沉淀 DNA；将离心管取出，10 000 r/min 离心 10 min 后，可见管的下方有沉淀，即 DNA。

（3）DNA 溶解：倒掉液体，加入 1 mL 75% 乙醇，颠倒数次离心管，移去沉淀块中有异物，8 000 r/min 离心 4~5 min，倒掉乙醇，将管倒置在干净吸水纸上，乙醇流尽，干燥 DNA 沉淀；根据沉淀块大小加入 100~200 μL 灭菌的去离子水，在 55 ℃水浴中溶解 DNA；为了去除提取到 RNA，在提取液中中加入 1 μL RNase，在常温下放置 30 min，然后用 0.1% 的凝胶进行电泳检测。-20 ℃冰箱中保存。

或者选择商品化 DNA 提取试剂盒，完成 DNA 的提取，按照说明书进行操作。

3. Real-time PCR 扩增

（1）Real-time PCR 50 μL 体系如表 3-2 所示。

表 13-2　Real-time PCR 反应体系（50 μL）

反应试剂	加入量
ABI Taqman MIX(2 ×)	25.0 μL
上游引物(10 μg/μL)	5.0 μL
下游引物(10 μg/μL)	5.0 μL
探针(25 mmol)	5.0 μL
DNA(待检)	5.0 μL
ddH$_2$O	5.0 μL

注：上述反应体系为推荐体系，实际检测中可根据自行购置的反应试剂适当调节加入量。

按照顺序逐一加入上述成分，全部加完后，混匀，瞬时离心，使液体都沉降到 PCR 管底。设置反应条件，进行实时定量荧光 PCR 检测，反应结束后，设置分析软件的基线和阈值，最后得到每个样品的 CT 值。

（2）Real-time PCR 反应条件：50 ℃ 2 min；95 ℃ 10 min，95 ℃ 15s，60 ℃退火 1 min，循环 50 次。

4. Real-time PCR 结果

设置反应条件,进行实时定量荧光 PCR 检测,反应结束后,设置分析软件的基线和阈值,最后得到每个样品的 CT 值。

5. 试验成立的条件

阳性对照产生 CT 值;阴性对照和水对照不产生 CT 值;标准物质的 CT 值构建标准曲线。阴性、阳性和水对照同时成立则表明试验有效,否则试验无效。

13.3.5 结果判定

检测结果如图 13 - 4 所示。

1. 阳性判定

标准物质构建的标准曲线作为判定依据,待检样品 CT 值位于标准曲线内的,则判定样品为阳性。

2. 阴性判定

标准物质构建的标准曲线作为判定依据,待检样品未产生 CT 值,则判定样品为阴性。

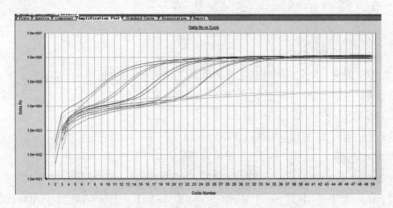

图 13 - 4　标准品的实时荧光 PCR 扩增

第 14 章　马铃薯青枯病菌检测

马铃薯青枯病是由 *Ralstonia solanacearum* 引起的细菌性病害,在温带、亚热带和热带地区侵染马铃薯,是我国南方和中部地区马铃薯产区的主要土传病害。该病发生的土壤类型比较广泛,沙土、黏土均适宜,pH 值范围也比较广,给马铃薯生产带来严重威胁。病害通常局部区域发生,与排水不畅有关。马铃薯青枯病菌在植株或块茎上均可发病。青枯病的常规 PCR 和 Real-time PCR 的分子检测应用范围广,既适用于发病的植株和块茎,也适用于无症状的苗和块茎,特别是 Real-time PCR 检测法对于潜隐性的病原菌更为有效,可大大提高病害检测的灵敏度和准确性。

14.1　马铃薯青枯病菌检测(PCR 法)

14.1.1　试剂与材料

除非另有说明,在分析中仅使用确认为分析纯的试剂。

(1)DNA 提取试剂或商品化的基因组 DNA 提取试剂盒。

(2)Taq DNA 聚合酶(5 U/μL)。

(3)DNA 相对分子质量标准(2 000 bp)。

(4)无水乙醇。

(5)溴化乙锭(10 μg/μL):称取溴化乙锭 20 mg,灭菌双蒸水加至 20 mL。

(6)1 mol/L Tris-HCl(pH 8.0)溶液:称取 121.1 g Tris 碱溶解于 800 mL 水中,用浓盐酸调 pH 至 8.0,用蒸馏水定容至 1 000 mL,121 ℃高压灭菌 20 min。

(7)样品提取缓冲液:1 mL β-巯基乙醇,30 mL 10% SDS,10 mL 0.5 M EDTA(pH 8.0),5 mL 1 M Tris-HCl(pH 8.0),54 mL ddH$_2$O,4 ℃保存。

(8)50×TAE 缓冲液:称取 242 g 三羟基甲基氨基甲烷(Tris)于 1 000 mL 烧杯中,加入 57.1 mL 冰乙酸,0.5 mol/L 乙二铵四乙酸二钠溶液(pH 8.0)100 mL,加灭菌双蒸水至 1 000 mL,用时用灭菌双蒸水稀释使用。

(9)1×TAE 电泳缓冲液:量取 20 mL 50×TAE 缓冲液,加入蒸馏水定容至 1 000 mL。

(10)加样缓冲液:分别称取聚蔗糖 25 g,溴酚蓝 0.1 g,二甲苯青 0.1 g,加灭菌双蒸水至 100 mL(或直接使用市售试剂)。

(11)10 mmol/L 的四种脱氧核糖核苷酸(dATP、dCTP、dGTP、dTTP)混合溶液。

(12)10×PCR 缓冲液:1 mol/L Tris-HCl(pH 8.8)10 mL,1 mol/L 氯化钾溶液 50 mL,Nonidet P40 0.8 mL,1.5 mol/L 氯化镁溶液 1 mL,灭菌双蒸水加至 100 mL(或直接使用市售试剂)。

(13)引物溶液:用 TE 缓冲液(pH 8.0)分别将上述引物稀释到 10 mmol/L。

14.1.2 引物

1.第一组

QK5 – 1(F,正向引物):GCTAATACCGCATACGAC。

QK3 – 1(R,反向引物):GAGCGTCAGTGTTATCCC。

拟扩增片段为 591 bp。

2.第二组

RS32(F,正向引物):GGTGTTTGCGTTTGGCATT。

RS37(R,正向引物):GTACACCTAGTTCCACAATAC。

拟扩增片段为 583 bp。

第一组和第二组引物任选一组使用。

14.1.3 仪器

1.PCR 仪。

2.台式低温高速离心机。

3.电泳仪、电泳槽。

4.紫外凝胶成像仪。

5.微量移液器。

6.水浴锅等。

14.1.4 分析步骤

设立阳性对照和阴性对照。在以下实验过程中,要设立阴性和阳性对照,即标准的阳性菌株样品和阴性健康植株样品同待测样品一同进行如下操作。

1.样品 DNA 的提取

(1)DNA 抽提:称取 0.1 g 样品,放于灭菌冷冻的小研钵中,加入液氮,将材料迅速破碎后,将粉末放在 1.5 mL 离心管中,加入 1 mL 样品提取缓冲液,在 65 ℃水浴中 1 h;

将离心管从水浴锅中取出后,加入等体积饱和酚,盖紧离心管。缓慢来回颠倒离心管至少 20 min 以混匀。不要过于剧烈,以防将 DNA 打断,室温,10 000 r/min 离心 10 min。

(2)DNA 沉淀:取上清加等体积饱和酚/氯仿/异戊醇缓慢来回颠倒离心管,混合 10 min 后 10 000 r/min 离心 10 min。重复此步骤 1~2 次,直至取出水相加入有机溶剂时看不到白色云雾状物,取上清,加入等体积的氯仿/异戊醇,混合 10 min,10 000 r/min 离心 10 min,取上清,加 2 倍体积乙醇,旋转 50~100 转后放在 -20 ℃ 冰箱 30 min,沉淀 DNA;将离心管取出,10 000 r/min 离心 10 min 后,可见管的下方有沉淀,即 DNA。

(3)DNA 溶解:倒掉液体,加入 1 mL 75% 乙醇,颠倒数次离心管,移去沉淀块中有异物,8 000 r/min 离心 4~5 min,倒掉乙醇,将管倒置在干净吸水纸上,乙醇流尽,干燥 DNA 沉淀;根据沉淀块大小加入 100~200 μL 灭菌的去离子水,在 55 ℃ 水浴中溶解 DNA;为了去除提取到 RNA,在提取液中中加入 1 μL RNase,在常温下放置 30 min,然后用 0.1% 的凝胶进行电泳检测。 -20 ℃ 冰箱中保存。

或者选择市售商品化 DNA 提取试剂盒,完成 DNA 的提取。

2. PCR 反应

将待测样品的 DNA 提取液,引物溶液,dNTP 混合物,10 × PCR 缓冲液(含 Mg^{2+}),ddH$_2$O,Taq 酶在离心管中混匀溶解。

(1)PCR 反应体系:在 25 μL PCR 反应管中依次加入引物,上、下游引物各 0.5 μL,待测样品模板 DNA 1 μL,10 × PCR 缓冲液(含 Mg^{2+})2.5 μL,2.5 mmol 的 dNTP 溶液 4 μL,Taq 酶 0.2 μL,无菌双蒸水补足至 25 μL,轻轻混匀。

(2)PCR 反应条件:

第一组引物:将 PCR 管插入 PCR 仪中。94 ℃ 预变性 5 min;94 ℃ 变性 30 s,59 ℃ 退火 30 s,72 ℃ 延伸 1 min,循环 35 次;72 ℃ 延伸 10 min;4 ℃ 终止反应。

第二组引物:将 PCR 管插入 PCR 仪中。94 ℃ 预变性 5 min;94 ℃ 变性 30 s,60 ℃ 退火 30 s,72 ℃ 延伸 1 min,循环 35 次;72 ℃ 延伸 10 min;4 ℃ 终止反应。

3. PCR 产物的电泳检测

(1)1.0 % 琼脂糖凝胶板的制备:称取 1.0 g 琼脂糖,加入 0.5 × TAE 电泳缓冲液至 100 mL,在微波炉中加热至琼脂融化后,待溶液冷却至 50~60 ℃ 时,加溴化乙锭溶液 5 μL,摇匀,倒入电泳槽中,凝固后取下梳子,备用。

将 20 μL PCR 产物与 20 μL 加样缓冲液混合,注入琼脂糖凝胶板的加样孔中。

(2)加入 100 bp DNA 相对分子质量标记。

(3)电泳:盖好电泳仪,插好电极,在 5 V/cm 电压电泳条件下电泳 30~40 min。

(4)观察结果:电泳胶板在紫外线灯下观察,或者用紫外凝胶成像仪扫描图片存档,打印。用 2 000 bp DNA 相对分子质量标记比较判断 PCR 片段大小。

14.1.5 结果判定

检测结果如图 14－1 和图 14－2 所示。

1. 检测结果可靠性的判断

阳性对照的扩增产物经电泳检测,在预期大小的条带位置均出现特异性条带,阴性对照和水对照的扩增产物经电泳检测均没有预期大小的目的条带。阴性、阳性和水对照同时成立则表明试验有效,否则试验无效。

2. 马铃薯青枯病的鉴定

待测样品在预期产物大小处有特异性条带,表明样品为阳性样品,含有马铃薯青枯病;若待测样品没有该特异性条带,表明该样品为阴性样品,不含有马铃薯青枯病。

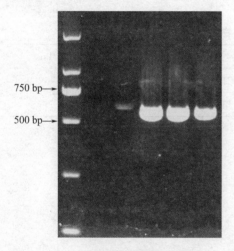

图 14－1 马铃薯青枯病第一组引物 PCR 检测电泳图
M:DL 2 000 Marker
泳道:1,阴性对照;
2～5,青枯病菌株

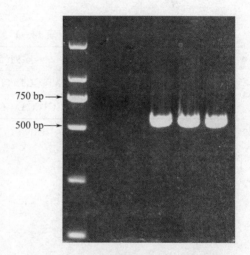

图 14－2 马铃薯青枯病第二组引物 PCR 检测电泳图
M:DL 2 000 Marker;
泳道:1～2,阴性对照;
3～5,青枯病菌株

14.2 马铃薯青枯病菌检测(Real-time PCR 法)

14.2.1 试剂与材料

DNA 提取试剂或商品化的基因组 DNA 提取试剂盒。

ABI SYBR Green PCR Master Mix 反应试剂盒或同类反应试剂盒。

用去离子水将上、下游引物分别配制成浓度为 100 ng/μL 的水溶液。

样品对照及标准品制备：以已知青枯病菌株为阳性对照，以健康马铃薯脱毒试管苗作为阴性对照，以反应使用的水作为空白对照。

标准品制备，使用 PCR 检测构建的重组质粒作为标准阳性样品。采用质粒小量抽提试剂盒制备克隆重组质粒 DNA，制备的重组质粒 DNA 原液用紫外分光光度计测定其纯度和浓度，然后，将重组质粒 DNA 进行十倍梯度稀释制成一系列的标准样品（$10^{-1} \sim 10^{-7}$ 稀释）。

14.2.2 引物序列

引物序列见表 14 - 1。

表 14 - 1 引物序列

引物名称	序列(5′~3′)	长度/bp
QRS5	CATCGGTATTCCTCCACATC	184
QRS3	GGTCCAAGCGTTAATCGG	

14.2.3 仪器和用具

1. Real-time PCR 仪。

2. 台式低温高速离心机。

3. 冰箱。

4. 灭菌锅。

14.2.4 分析步骤

设立阳性对照和阴性对照。在以下实验过程中，要设立阴阳性对照，即标准的阳性菌株样品和阴性健康植株样品同待测样品一同进行如下操作。

1. 样品 DNA 的提取

（1）DNA 抽提：称取 0.1 g 样品，放于灭菌冷冻的小研钵中，加入液氮，将材料迅速破碎后，将粉末放在 1.5 mL 离心管中，加入 1 mL 样品提取缓冲液，在 65 ℃水浴中 1 h；将离心管从水浴锅中取出后，加入等体积饱和酚，盖紧离心管。缓慢来回颠倒离心管至少 20 min 以混匀。不要过于剧烈，以防将 DNA 打断，室温，10 000 r/min离心 10 min。

（2）DNA 沉淀：取上清加等体积饱和酚/氯仿/异戊醇缓慢来回颠倒离心管，混合 10 min 后 10 000 r/min 离心 10 min。重复此步骤 1～2 次，直至取出水相加入有机溶剂时看不到白色云雾状物，取上清，加入等体积的氯仿/异戊醇，混合 10 min，10 000 r/min 离心 10 min，取上清，加 2 倍体积乙醇，旋转 50～100 转后放在 –20 ℃ 冰箱 30 min，沉淀 DNA；将离心管取出，10 000 r/min 离心 10 min 后，可见管的下方有沉淀，即 DNA。

（3）DNA 溶解：倒掉液体，加入 1mL 75% 乙醇，颠倒数次离心管，移去沉淀块中有异物，8 000 r/min 离心 4～5 min，倒掉乙醇，将管倒置在干净吸水纸上，乙醇流尽，干燥 DNA 沉淀；根据沉淀块大小加入 100～200 μL 灭菌的去离子水，在 55 ℃ 水浴中溶解 DNA；为了去除提取到 RNA，在提取液中中加入 1 μL RNase，在常温下放置 30 min，然后用 0.1% 的凝胶进行电泳检测。–20 ℃ 冰箱中保存。

或者选择市售商品化 DNA 提取试剂盒，完成 DNA 的提取。

2. Real-time PCR

（1）Real-time PCR 50 μL 体系包括：按照顺序逐一加入表 14–2 成分，全部加完后，混匀，瞬时离心，使液体都沉降到 PCR 管底。设置反应条件，进行实时定量荧光 PCR 检测。

表 14–2　Real-time PCR 反应体系（50 μL）

反应试剂	加入量
ABI SYBR Green MIX（2×）	12.5 μL
上游引物（100 μg/μL）	0.5 μL
下游引物（100 μg/μL）	0.5 μL
DNA（待检）	2.0 μL
ddH$_2$O	9.5 μL

注：上述反应体系为推荐体系，实际检测中可根据自行购置的反应试剂适当调节加入量。

（2）Real-time PCR 反应条件：95 ℃ 10 min，95 ℃ 15 s，60 ℃ 退火 1 min，循环 35 次。

（3）Real-time PCR 的结果

设置反应条件，进行实时定量荧光 PCR 检测，反应结束后，设置分析软件的基线和阈值，最后得到每个样品的 CT 值。

14.2.5　结果判定

检测结果如图 14 - 3 和图 14 - 4 所示。

1. 阳性判定

标准物质构建的标准曲线作为判定依据,待检样品 CT 值位于标准曲线内的,则判定样品为阳性。

2. 阴性判定

标准物质构建的标准曲线作为判定依据,待检样品未产生 CT 值,则判定样品为阴性。

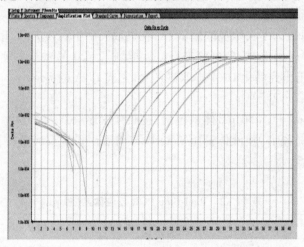

图 14 - 3　标准品的实时荧光 PCR 扩增

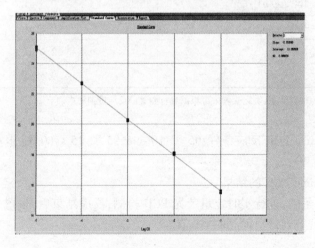

图 14 - 4　标准曲线

第15章 马铃薯品种鉴定和纯度分析

马铃薯生产、销售、流通过程中,种薯混杂现象成为扰乱市场的重要因素和种薯分级的重要依据。简单序列重复多态性(SSR)标记技术具有数量丰富,揭示的多态性高;多等位基因,提供的信息量高;以孟德尔方式遗传,呈共显性;每个位点由设计的引物顺序决定,便于不同的实验室相互交流合作,成为马铃薯品种纯度鉴定的分子标记。分子标记技术为传统形态学、蛋白及同工酶等品种纯度鉴定方法的有力补充。

15.1 材料

可选择以下试剂。

(1)三羟基甲基氨基甲烷。

(2)乙二铵四乙酸二钠。

(3)氢氧化钠。

(4)硼酸。

(5)十二烷基磺酸钠(SDS)。

(6)聚乙烯基吡咯烷酮(PVP)。

(7)二硫苏糖醇(DTT)。

(8)Tritron X100。

(9)β-巯基乙醇。

(10)Tris 饱和酚。

(11)三氯甲烷。

(12)异戊醇。

(13)丙烯酰胺。

(14)过硫酸铵。

(15)溴化乙锭。

(16)乙酸钠·3H$_2$O。

(17)dNTP 混合物(各 2.5 mmol/L)。

(18)100 bp DNA 相对分子质量标准物。

(19)1 mol/L 三羟基甲基氨基甲烷-盐酸(Tris-HCl)溶液(pH 8.0):称取 Tris

碱 121.1 g,溶解于 800 mL 水中,用浓盐酸调 pH 至 8.0,加水定容至 1 000 mL,121 ℃高压灭菌 20 min。

(20)0.5 mol/L 乙二铵四乙酸二钠溶液(pH 8.0):称取乙二铵四乙酸二钠 186.1 g,溶于 700 mL 水中,用氢氧化钠调 pH 至 8.0,加水定容至 1 000 mL。

(21)TE 缓冲液(pH 8.0):量取 1 mol/L 三羟基甲基氨基甲烷－盐酸(Tris-HCl)溶液 2 mL,0.5 mol/L 乙二铵四乙酸二钠溶液 0.4 mL,加水溶解,定容至 200 mL,121℃高压灭菌 20 min 后,室温保存。

(22)5×Tris－硼酸(TBE)电泳缓冲液:称取 Tris 碱 27 g,硼酸 13.75 g,量取 0.5 mol/L乙二铵四乙酸二钠溶液 10 mL,加灭菌双蒸水 400 mL 溶解,定容至 500 mL。

(23)1×Tris－硼酸(TBE)电泳缓冲液:量取 5×Tris－硼酸(TBE)电泳缓冲液 200 mL, 加水定容至 1 000 mL。

(24)样品提取缓冲液:称取氯化钠 15.2 g,十二烷基磺酸钠(SDS)0.4 g,聚乙烯基吡咯烷酮(PVP)2 g,二硫苏糖醇(DTT)0.309 g,溶于 100 mL 双蒸水中,再加入0.5mol/L 乙二铵四乙酸二钠溶液 20 mL,1 mol/L 三羟基甲基氨基甲烷－盐酸(Tris－HCl)溶液 20 mL,Tritron X100 1 mL,β－巯基乙醇 0.8 mL,混合均匀,加水定容至 200 mL,4 ℃储存待用。

(25)Tris 饱和酚＋三氯甲烷＋异戊醇混合液(现用现配):量取 Tris 饱和酚 25 mL,三氯甲烷 24 mL,异戊醇 1 mL,混合均匀待用。

(26)30% 丙烯酰胺溶液:称取丙烯酰胺 29 g,N,N′－亚甲基双丙烯酰胺 1 g,加水溶解,定容至 100 mL,过滤,4 ℃储存。

(27)10% 过硫酸铵溶液(现用现配):称取 0.1 g 过硫酸胺,加水溶解,定容至 1 mL。

(28)12% 聚丙烯酰胺凝胶(双板):量取 30% 丙烯酰胺溶液 20 mL,5×Tris－硼酸(TBE)电泳缓冲液 10 mL,灭菌双蒸水 25 mL,四甲基乙二胺(TEMED)50 μL,混匀,制板前加过硫酸胺溶液 500 μL,混匀,灌胶。

(29)溴化乙锭储液(10 mg/mL):称取溴化乙锭 200 mg,加水溶解,定容至 20 mL。

(30)溴化乙锭染色液(0.5 μg/ mL):量取溴化乙锭储液 1 0μL,加水定容至 200 mL。

(31)3 mol/L 乙酸钠溶液(pH 5.2):称取乙酸钠·3H_2O 24.6 g,加水 80 mL 溶解,用冰乙酸调 pH 至 5.2,定容至 100 mL。

15.2 引物

引物序列如表 15 - 1 所示。

表 15 - 1 马铃薯品种鉴定 SSR 标记引物序列

引物	序列(5′→3′)	储存浓度(μmol/L)	终浓度(μmol/L)
SSI - F	TCT CTT GAC ACG TGT CAC TGA AAC	3	0.15
SSI - R	TCA CCG ATT ACA GTA GGC AAG AGA	3	0.15
Patatin - F	CAA CCA ACA AGG TAA ATG GTA CC	6	0.3
Patatin - R	TGG TCT GGT GCA TTA GAA AAA A	6	0.3
STM0014 - F	CAG TCT TCA GCC CAT AGG	3.6	0.18
STM0014 - R	TAA ACA ATG GTA GAC AAG ACA AA	3.6	0.18
UGP - F	GAA ACT GCT GCC GGT GC	8	0.4
UGP - R	TGG GGT TCC ATC AAA C	6	0.3

15.3 仪器

1. 分析天平(感量 0.0001 g)。
2. 台式低温高速离心机(≥12 000 r/min)。
3. 微量移液器(0.5 ~ 10 μL,10 ~ 100 μL,20 ~ 200 μL,100 ~ 1 000 μL)。
4. 冰箱(4 ℃、- 20 ℃)。
5. 稳压稳流电泳仪、水平板电泳槽、垂直板电泳槽。
6. 液氮罐。
7. 紫外凝胶成像仪。
8. PCR 扩增仪。
9. 紫外分光光度计。
10. 超净工作台。

15.4　步骤

15.4.1　样品的采集和制备

　　检测材料可以取马铃薯植株的叶片(嫩叶效果好)、休眠的块茎或试管苗。叶片样品采集按照 GB 18133 和 GB 7331 中要求,随机在田间采集。叶片样品用牛皮纸包装,利用冰盒携带,4 ℃条件下保存。块茎和芽样品采集后,利用冰盒携带,4 ℃条件下保存。试管苗提取 DNA 前不开封,防止污染。样品在 4 ℃条件下可保存 2 周,在 -20 ℃条件下可保存 6 个月,在 -70 ℃条件下可长期保存。设标样,与样品采用同样方法处理。

15.4.2　DNA 提取

　　称取 1 g 马铃薯待检测样品置于研钵中,液氮冷冻下迅速研磨至粉末状,加入 3 mL 样品提取缓冲液使其混合均匀,吸取混合液置于 1.5 mL 离心管中。

　　加入等体积的 Tris 饱和酚 + 三氯甲烷 + 异戊醇混合液,充分混匀,离心 3 min (12 000 r/min),吸取上清液。此过程重复一次。

　　吸取上清液加入等体积的三氯甲烷,12 000 r/min 离心 3 min。吸取上清液加入 1/10 体积的 3 mol/L 乙酸钠,再加入 2.5 倍体积预冷的无水乙醇,低温放置 4 h。10 000 r/min 离心 15 min,弃上清,用 75% 的乙醇清洗沉淀后,10 000 r/min 离心 3 min,清洗过程重复 1~2 次。

　　弃上清,将沉淀置于通风处干燥至变成白色或透明状态。用 TE 缓冲液溶解 DNA,并将溶解液置于 -20 ℃冰箱保存。

15.4.3　PCR(聚合酶链式反应)扩增反应

　　PCR 反应体系(20 μL)

10 × PCR 缓冲液	2 μL
$MgCl_2$(25 mmol/L)	2.4 μL
10 mmol/L dNTPs	0.8 μL
贮存浓度的引物(3.15)	各 1 μL
Taq DNA 聚合酶(5 U/μL)	0.15 μL
模板 DNA	1 μL
灭菌双蒸水	5.65 μL

先加入灭菌双蒸水,然后按顺序加入上述成分,缓慢颠倒 PCR 管混匀,瞬时离心;对于多个样品,可先将上述成分(模板 DNA 除外)混匀,分装到 PCR 管中,再加入模板 DNA。

15.4.4　PCR 扩增程序

95 ℃预变性 5 min;94 ℃变性 30 s,57 ℃复性 45 s,72 ℃延伸 90 s,共 35 个循环;72 ℃延伸 10 min,4 ℃保存。

15.4.5　电泳

制备 12% 聚丙烯酰胺凝胶:取 30% 丙烯酰胺溶液 10 mL,加入 5×Tris－硼酸(TBE)电泳缓冲液 5 mL,无菌水 10 mL,再加入 10% 过硫酸铵溶液 250 μL,四甲基乙二胺(TEMED)30 μL,混合均匀,立刻倒入玻璃板中,并插入梳子,玻璃板、梳子的规格均为 1.5 mm。

加样:电泳槽中加入 1×Tris－硼酸(TBE)电泳缓冲液,取 5 μLPCR 产物与 1 μL 载样缓冲液混合均匀,加入到点样孔中,另取 100 bp DNA 相对分子质量标准物(Marker)5 μL 作为对照,加入到相邻的点样孔中。

电泳:在 100 V 电压下预电泳 30 min,然后在 160 V 电压下电泳约 4.5 h,当指示剂二甲苯腈距玻璃板底部 1 cm 时停止电泳。

电泳结果观察,先将聚丙烯酰胺凝胶染色,将电泳后的 12% 聚丙烯酰胺凝胶浸入到溴化乙锭染色液中染色 30 min,用清水洗去染色液,5 min 每次,重复一次。然后利用紫外观察灯或紫外凝胶成像仪观察 PCR 反应扩增出的 DNA 条带,并拍照以记录实验结果。

15.5　结果判定

15.5.1　稳定性判定

将一已知马铃薯品种多次扩增,带型稳定后将其作为稳定性参照物,并记录带型及条带数量。将待检测马铃薯品种、稳定性参照物、100 bp DNA 相对分子质量标准物(Marker)一同操作,当此品种扩增带型与记录带型一致,且 100 bp DNA 相对分子质量标准物(Marker)泳道从上到下依次出现清晰的条带时,实验成立,可以进行结果判定,否则应重新进行实验。

15.5.2　品种真伪鉴定

将待检测的疑似品种与真实品种、稳定性测试品种、100 bp DNA 相对分子质量标准物(Marker)一同操作,在一块凝胶板上电泳。实验成立时,将疑似品种与真实品种进行直接对比,如果疑似品种与真实品种的条带数量、带型一致,则判定二者为同一品种;反之,为不同品种。如图 15－1 所示。

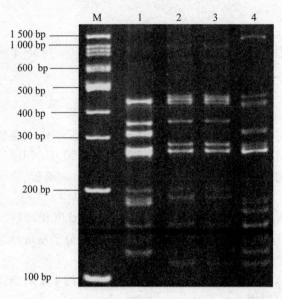

M.DL 1500 mar

1.稳定性测试中

2.真实品种

3.疑似品种Ⅰ

4.疑似品种Ⅱ

图 15－1　马铃薯品种真伪检测结果
注:稳定性测试品种是克新 1 号;真实品种为大西洋;疑似品种Ⅰ与
真实品种条带数量、带型一致,判定为大西洋品种;疑似品种Ⅱ与
真实品种条带数量、带型相异,判定不是大西洋品种。

15.6　注意事项

(1)实验全程戴手套操作,DNA 提取在通风橱中进行,保护实验人员安全。

(2)样品研磨时,保障样品处于液氮环境中。

(3)实验过程中,PCR 等操作在冰上进行,避免降解。

(4)10% 过硫酸铵等溶液现用现配,严格按照溶液配制方法操作。

附录A 马铃薯病害拉丁名

表A-1 马铃薯病害拉丁名

中文名	拉丁名	缩略语
番茄斑萎病毒	Tomato spotted wilt virus	TSWV
黄瓜花叶病毒	Cucumber mosaic virus	CMV
马铃薯A病毒	Potato virus A	PVA
马铃薯M病毒	Potato virus M	PVM
马铃薯S病毒	Potato virus S	PVS
马铃薯X病毒	Potato virus X	PVX
马铃薯Y病毒	Potato virus Y	PVY
马铃薯卷叶病毒	Potato leaf roll virus	PLRV
马铃薯奥古巴花叶病毒	Potato aucuba mosaic Virus	PAMV
马铃薯V病毒	Potato virus V	PVV
马铃薯帚顶病毒	Potato mop-top Virus	PMTV
苜蓿花叶病毒	Alfalfa mosaic virus	AMV
烟草脆裂病毒	Tobacco rattle virus	TRV
马铃薯纺锤块茎类病毒	Potato spindle tuber viroid	PSTVd
马铃薯青枯病	*Pseudomonas solanacearum* (*Smith*) *Smith*	BRP
马铃薯环腐病	*Clavibacter michiganensis* subsp. *sepedonicus*	RRDP
马铃薯黑胫病	*Erwinia carotovora* subsp. *atroseptica* (*Van Hall*) *Dye*	ECSD
疮痂病	*Streptomyces scabies* (*Thaxter*) *Waks. et Henvici*	SSWH
马铃薯晚疫病	*Phytophthora infestans* (*Mont.*) *de Bary*	PI
癌肿病	*Synchytrium endobioticum* (*Schilbersky*) *Percival*	SEP

表 A -1(续)

中文名	拉丁名	缩略语
马铃薯早疫病	*Alternaria solani. Sorauer*	ASS
马铃薯粉痂病	*Spongosporasubterranea（Wallr.）Lagerh.*	SL
马铃薯干腐病	*Fusarium solani（Mart.）Sacc*	FSS
马铃薯枯萎病	*Fusarium oxysporum Schlecht.（Schlecht.）*	FOS
马铃薯立枯丝核菌病	*Rhizoctonia solani Kühn*	RSK

附录 B 病害检测技术应用

表 B-1 病害检测技术应用

病 害	试管苗	叶 片	茎	芽	块 茎	备 注
类病毒	RT-PCR NASH Real-time PCR	RT-PCR NASH Real-time PCR	—	RT-PCR NASH Real-time PCR	RT-PCR NASH Real-time PCR	
病毒	ELISA + RT-RCR ELISA + Real-time PCR	ELISA RT-PCR*	—	ELISA RT-PCR* Real-time PCR*	RT-PCR* Real-time PCR*	
环腐病	—	—	PCR Real-time PCR 革兰氏染色	—	革兰氏染色(复合侵染可用) PCR* Real-time PCR*	
青枯病	—	—	PCR Real-time PCR	—	PCR Real-time PCR	
黑胫病	—	—	选择性培养基 PCR Real-time PCR	—	选择性培养基 PCR Real-time PCR	
晚疫病	—	PCR 生物学方法	PCR 生物学方法	—	PCR 生物学方法	
早疫病	—	PCR 生物学方法	PCR 生物学方法	—	PCR	
立枯丝核菌 黑痣病	—	—	PCR	—	生物学方法 PCR	

注："*"表示大量合样可用。

附录 C 核心种苗

1. 核心种苗候选材料的筛选

从所需品种的马铃薯田间生产材料中选取长势好、株型适宜、抗病的单株 10 株以上，收获时对单株收获块茎进行综合测评，根据薯形、产量选出合适单株 2~3 个，每个单株中选出 1~2 个块茎作为茎尖剥离材料。催芽后对每个块茎上 1~5 个壮芽进行剥离。

2. 检测

（1）培养：由茎尖剥离获得的试管苗继代 1 次后，从每个茎尖后代中抽取 5 株试管苗，保护环境下假植成功后，移栽到基质深 20 cm 以上、单株平均占地 100 cm² 以上的苗床或容器中。

（2）病害检测：株高 15 cm 时取叶片样品检测病毒、类病毒、植原体、细菌等病害。

（3）真实性和生理性状测试：整个生育期测试品种真实性和生理性状，重点测试薯形和产量，有必要也可以测试品质指标（淀粉、还原糖和维生素等）。

3. 结果判定

每个品种中选出后代无病害、综合性状好（薯形和产量等）且性状一致的一个或多个茎尖来源的试管苗作为核心种苗。

4. 核心种苗生产

核心种苗生产示意图见图 C-1。

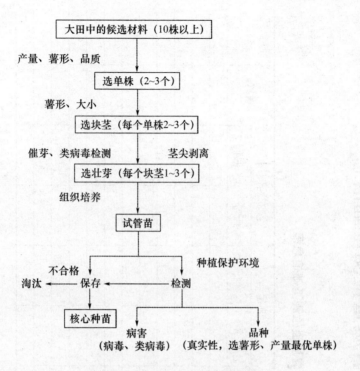

图 C - 1　核心种苗生产示意图

附录 D 马铃薯种薯质量检测基础信息

表 D-1 马铃薯种薯质量检测基础信息表

| 批次 | 品种 | 面积 | 播种种薯 | | 播种日期 | 前茬 | | 农药使用 | | | 隔离 | 备注 |
			级别	来源		去年	前年	药名	时间			

种植者/代理人签字：　　　　　　　　　　　　　　　检测员签字：

附录 E　田间检验记录

表 E-1　田间检验记录表

第 ____ 次检验

地块编号：

检验日期：

检测点	混杂	类病毒	病毒病	环腐病	青枯病	黑胫病	丝核菌 立枯病	晚疫病	早疫病	备注

种植者/代理人签字：

检测员签字：

附录 F 马铃薯种薯块茎存储登记[1]

表 F-1 马铃薯种薯块茎至存储登记表

检测批号：

检测时间：

批次	库房号[2]	品种	级别	数量/吨	来源（地块编号＋入库时间）	库房位置	库房类型	设施[3]	备注

注：1）田间检测合格的种薯和不合格的种薯分别存放。本表只适用于田间检测合格的种薯登记，用于进行收获后检测和库房检测。

2）种薯批号书写格式为：库房号＋批次编号。

3）填写库房内设施，如制冷机、供暖设备等。

库房管理人签字：

检测人签字：

120

附录 G 种薯发货前质量检测记录

表 G-1 种薯发货前质量检测记录表

种薯批号：

检测日期：

检测点	混杂	环腐病	青枯病	湿腐病	软腐病	晚疫病	干腐病	疮痂病	粉痂病	黑痣病	块茎蛾	缺陷薯	冻伤	杂质	备注

种植者/代理人签字：

检测人签字：

附录 H 马铃薯病毒 DAS-ELISA 检测流程

第一步 包被
根据IgG浓度配
制包被溶液，加入酶
标板

酶标板密封
孵育后洗板

第二步 加入样品
研磨样品，4 000
r/min离心，取上清液

每孔加样品100 μL
孵育后洗板

第三步 加酶标抗体
根据IgG-AP浓度
配制酶标溶液，加入
酶标板

酶标板密封
孵育后洗板

第四步 加底物溶液
配制底物溶液，加
入酶标板，避光孵育

用酶标仪读取数值

附录 I　PCR 基本操作步骤

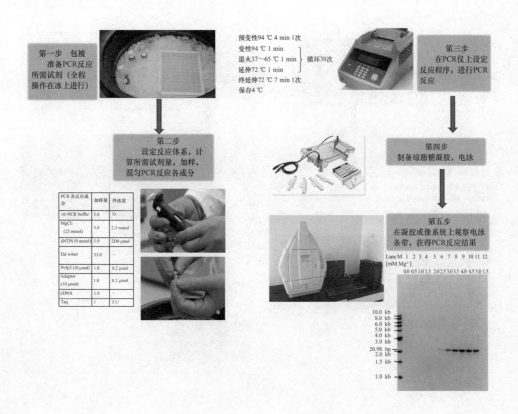

第一步　包被
准备 PCR 反应所需试剂（全程操作在冰上进行）

预变性 94 ℃ 4 min 1 次
变性 94 ℃ 1 min
退火 37～65 ℃ 1 min ┐循环 30 次
延伸 72 ℃ 1 min ┘
终延伸 72 ℃ 7 min 1 次
保存 4 ℃

第三步
在 PCR 仪上设定反应程序，进行 PCR 反应

第二步
设定反应体系，计算所需试剂量，加样，混匀 PCR 反应各成分

第四步
制备琼脂糖凝胶，电泳

第五步
在凝胶成像系统上观察电泳条带，获得 PCR 反应结果

PCR 各反应成分	加样量	终浓度
10×PCR buffer	5.0	1x
MgCl₂ (25 mmol)	5.0	2.5 mmol
dNTP(10 mmol)	1.0	2D0 μmol
Dd witter	33.0	-
Pcfp2 (10 μmol)	1.0	0.2 μmol
Adaptor (10 μmol)	1.0	0.2 μmol
cDNA	1.0	-
Taq	1	5 U

Lane M 1 2 3 4 5 6 7 8 9 10 11 12
[mM Mg²⁺]
0.0 0.5 1.0 1.5 2.0 2.5 3.0 3.5 4.0 4.5 5.0 1.5

10.0 kb
8.0 kb
6.0 kb
5.0 kb
4.0 kb
3.0 kb
20.98 bp
2.0 kb
1.5 kb
1.0 kb

附录J Real-time PCR基本操作步骤

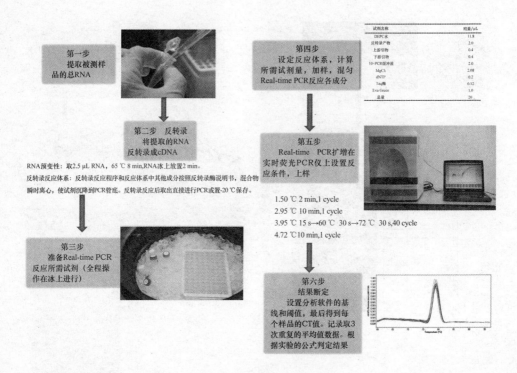

第一步
提取被测样
品的总RNA

第四步
设定反应体系，计算
所需试剂量，加样，混匀
Real-time PCR反应各成分

试剂名称	粗量/μL
DEPC水	11.8
反转录产物	2.0
上游引物	0.4
下游引物	0.4
10×PCR缓冲液	2.0
MgCl₂	2.08
dNTP	0.2
Taq酶	0.32
Eva Green	1.0
总量	20

第二步 反转录
将提取的RNA
反转录成cDNA

RNA预变性：取2.5 μL RNA，65 ℃ 8 min,RNA冰上放置2 min。
反转录反应体系：反转录反应程序和反应体系中其他成分按照反转录酶说明书，混合物
瞬时离心，使试剂沉降到PCR管底。反转录反应后取出直接进行PCR或置-20 ℃保存。

第五步
Real-time PCR扩增在
实时荧光PCR仪上设置反
应条件，上样

1.50 ℃ 2 min,1 cycle
2.95 ℃ 10 min,1 cycle
3.95 ℃ 15 s→60 ℃ 30 s→72 ℃ 30 s,40 cycle
4.72 ℃10 min,1 cycle

第三步
准备Real-time PCR
反应所需试剂（全程操
作在冰上进行）

第六步
结果断定
设置分析软件的基
线和阈值，最后得到每
个样品的CT值。记录取3
次重复的平均值数据。根
据实验的公式判定结果

附录 K　参考标准

序号	标准号	名称
1	GB18133—2012	马铃薯种薯
2	NY/T2678—2015	马铃薯6种病毒的检测 RT-PCR 法
3	NY/T2744—2015	马铃薯纺锤块茎类病毒检测　核酸斑点杂交法
4	NY/T401—2000	脱毒马铃薯种薯(苗)病毒检测技术规程
5	GB/T29375—2012	马铃薯脱毒试管苗繁育技术规程
6	GB/T31790—2015	马铃薯纺锤块茎类病毒检疫鉴定方法
7	SN/T1135.9—2010	马铃薯青枯病菌检疫鉴定方法
8	GB/T28978—2012	马铃薯环腐病菌检疫鉴定方法
9	DB23T1234—2008	马铃薯晚疫病检测方法
10	NY/T 2678—2015	马铃薯品种鉴定